"十四五"职业教育国家规划教材

HUOHUAJI JISHU

火化机技术

卢 军 编著

U0254189

化学工业出版社

北京·

内 容 简 介

本书系统地介绍了火化机的结构、操作、安装、维护等方面的知识和技能，每个知识点都安排了详细的例子加以说明，突出绿色殡葬的发展理念以及遗体火化师职业道德的培养，深入贯彻党的二十大报告精神，落实立德树人根本任务。

本书可作为遗体火化师职业资格认证的培训教材，也可作为职业院校殡葬专业的教材。

图书在版编目（CIP）数据

火化机技术 / 卢军编著. —北京：化学工业出版社，2018.12（2024.8 重印）
ISBN 978-7-122-33421-3

Ⅰ.①火… Ⅱ.①卢… Ⅲ.①火葬—机械设备 Ⅳ.①TU993.5

中国版本图书馆 CIP 数据核字（2018）第 283209 号

责任编辑：刘 哲 章梦婕 装帧设计：张 辉
责任校对：宋 玮

出版发行：化学工业出版社（北京市东城区青年湖南街 13 号 邮政编码 100011）
印 装：北京盛通数码印刷有限公司
787mm×1092mm 1/16 印张 12 字数 217 千字 2024 年 8 月北京第 1 版第 3 次印刷

购书咨询：010-64518888 售后服务：010-64518899
网 址：http://www.cip.com.cn

凡购买本书，如有缺损质量问题，本社销售中心负责调换。

定 价：38.00 元

前 言

随着科技的进步，我国火化机技术得到了迅速提升，为了满足殡葬行业的发展及遗体火化师的从业需求，编者在原《火化机原理与操作》一书的基础上，重新编写了本书。

本书是根据火化机技术的发展及长期实践经验总结编写而成，在编写过程中力求理论与实践相结合。本书以国内主流的火化机结构与原理知识为主线，深度融入"绿色殡葬""生态殡葬""科技殡葬"等理念，按照遗体火化师的典型工作任务，全面培养学习者操作、维护与维修火化设备的职业能力与素养。同时，本书落实"立德树人"根本任务，在突出了遗体火化师职业能力培养的同时，将社会主义核心价值观、文化传承和工匠精神等思政元素有机融入到内容之中，以润物无声的方式将思政教育与专业知识培养有机融合。此外，借助现代化的信息技术，在"智慧职教MOCC"平台上建构了本书对应的在线课程、开发丰富的数字化资源，并在书中重点内容处放置了二维码，学习者可通过扫描二维码链接到对应的微课、视频、动画、虚拟仿真等资源，更直观、形象地掌握知识与技能。

本书由民政部遗体火化技能大师、教育部产业导师卢军副教授编写，广东新兴常胜环保科技实业有限公司和长沙明阳山殡仪馆提供了大量真实的案例或产品参数，长沙民政职业技术学院民政与社会工作学院部分老师协助完成了在线课程和数字化教学资源的开发与建设。

在本书编写过程中，得到了江西南方环保机械制造总公司、长沙民政职业技术学院民政与社会工作学院，以及北京社会管理职业技术学院宋宏升老师、广州殡仪馆董福胜工程师、秦皇岛海涛万福集团有限公司、广州市银河园等单位与个人的支持，他们为本书的编写提出了许多宝贵的意见和建议，在此一并表示衷心的感谢！

由于水平有限，书中难免有疏漏和不妥之处，敬请读者批评指正。

课件-课程概述

卢 军

于湖南长沙

目　录

第一章 遗体火化与火化机

学习目标

①了解火葬发展简史。

②了解国内外火化机发展情况。

③掌握火化机定义及工作特点。

④掌握火化机分类及主要参数。

第一节 遗体火化概述

一、火葬的发展简史

目前遗体的处理方式主要有土葬和火葬。

据可查的火葬记载可追溯到战国时期："秦之西有仪渠之国者，其亲戚死，聚柴薪而焚之"；西南地区的少数民族也有"逝者烧其

课件-遗体火化
技术概述

尸"的习俗。当时的火葬形式比较简单，就是"聚柴薪而焚之"，采用火葬的范围也仅限于部分地区和个别民族。居住在中原地区的汉族则是以土葬为主，这主要是受儒家文化"身体发肤，受之父母，不可毁伤"的影响。最早的土葬就是简单地挖个土坑把遗体埋掉，或在山上找个天然洞穴，将遗体放进去，然后封住洞口，没有仪式和尊卑等级，也没有棺材。

汉代时随着佛教的传入，逐渐改变了人们的观念，佛教认为：火烧遗体能够净化逝者。在僧人死后焚身的影响下，火葬逐步扩大到民间。唐宋时期，中原地区已经有不少人行火葬，特别是江南地区，人多地少，火葬之风更盛。然而历代的封建统治者都将儒家思想奉为治国之道，认为火葬是败坏伦理道德的行为。南宋的高宗曾两次批准臣属关于禁止火葬的建议，但是百姓以火葬为便，相习成风，地方官无奈，只好姑从其便。到了元代，火葬从江南发展到江北，封建统治者采取镇压政策严禁火葬。明代《明律》中有"其从尊长遗言将尸烧化及弃置水中，杖一百。""其子孙毁弃祖父母、父母及奴婢、雇工人毁弃家长死尸者斩"。清代则更加严厉，除把明律中的内容全部搬进清律外，又增加了"旗民丧葬概不许火化"的条款，还采取了邻里和地保互相监督的办法来保证法律的实施。这样从明清两代开始，火葬渐少，土葬逐渐盛行起来；丧葬的礼仪亦逐渐繁琐，奢侈之风盛行。帝王的陵墓和葬礼可以耗尽倾国之财；达官贵人和富商大贾争相攀比，丧事成了地位、权力的象征。就连普通百姓，为了丧事办得风光，往往倾其所有，甚至变卖家产。繁杂的礼仪包含许多封建迷信的成分，既耗费了巨大的社会财力、物力和人力，又毒害了人们的思想。

目前的火化，虽然还是"逝者烧其尸"，但已不是"聚柴薪而焚之"了，而是采用专用设备，将遗体焚化变成骨灰。推行的火葬方式也革除了披麻戴孝、烧纸化钱等封建陋习，代之以戴白花、黑纱、鞠躬默哀等文明祭祀方式，火化后的骨灰采取集中寄存。近年来也积极倡导骨灰撒海、骨灰树葬（以树代墓）、花草葬等不保留骨灰的丧葬新风尚。

二、火化机技术的发展趋势

国内火化机技术的发展和进步也和其他技术的发展一样，经历了几个发展阶段。

第一阶段：仿造。国内火化机的制造是 20 世纪 50～60 年代仿造捷克炉开始的。60～70 年代，北京、山东、江西、四川、福建等省、市民政厅组织力量，参照、模仿捷克炉的结构，设计和生产了一批火化机的仿制品，供当地使用。这在当时，对火葬的实行做出了积极的贡献。

第二阶段：仿造创新。1982 年，沈阳火化设备研究所消化、吸收国外先进技术，经过研究和试验，自行设计制造，1984 年 82-B 型火化机通过国家技术鉴定。在此后的十年时间里，各地的火化机基本上是仿照 82-B 型号制造的。主要的机型有沈阳的 M-90 型火化机、江西的 Y90 型火化机、北京的 KHZL 型火化机、湖北的 3HEY 型火化机、山东烟台的 SDMF 型火化机、山东乳山的 ZLRB 型火化机等。

第三阶段：吸收、改进、创新、再创新。1993 年，沈阳火化设备研究所和法国TABO 公司合作，成立了"沈阳升达焚化设备制造有限公司"，引进 TABO 炉技术，首先在深圳殡仪馆安装使用。随后，根据国内的实际情况，经吸收、改进、创新、设计和生产了升达牌全自动火化机。受 TABO 炉的启示，国内一些生产厂经过消化、吸收、改进、创新、再创新，创出了自己品牌的火化机，如江西南方环保机械制造总公司的 YQ-96 型火化机、上海申东燃烧炉有限公司的 SSD-97 型火化机等。与此同时，北京八宝山殡仪馆技术科引进了日本台车式火化机的技术并进一步创新，生产出 CH-93 型火化机，在各地安装使用。各地根据实际情况，也纷纷生产出自己品牌的火化机。

第四阶段：**全面创新、竞争发展**。科学技术的发展和创新，促进了火化技术的发展和进步，现代控制技术不断地引入到火化机的制造与生产中。一些生产厂与大专院校和科研院所合作，设计生产出更为先进的火化机。近几年来，生产厂家除了在自动控制、环保方面有所创新外，在节约能源方面也有突破性的进展：有些燃油式的平板式火化机的油耗量已经降到 3～5L 轻柴油/平均每具遗体，有些台车式火化机的耗油量已经降到 12～15L 轻柴油/平均每具遗体，同时火化机尾气处理系统已逐步开发出来，并被广泛地应用在火化机烟气处理方面，极大地减少了遗体火化过程污染物对周边环境的破坏。

在国外，火化技术开发方面较早的是英国，他们早在 20 世纪 70 年代初便开始研究遗体火化的二次燃烧技术，通过国际殡葬协会技术年会向全世界交流推广，对全世界火化机技术的发展和提高起到了重要作用。世界上火化率最高的日本，将科研与生产、科研与用户紧密结合，建立起了科学的技术设计及实验体系，研制出符合日本国情的间歇式火化机。由于在两具遗体焚化之间有一个冷却过程，所以焚化时间长，耗油量大，但他们用控制喷射火焰的强度及燃点位置，以及合理设置二次燃烧室的方法，实现了火化无烟、无尘、无臭，大大减少了对环境的污染。法国的 TABO 型火化机、德国的哈根型火化机、美国奥尔公司研究生产的火化机，都具有各自的很多特点。

第二节 火化机定义及工作特点

一、火化机定义

火化机是殡仪馆或火葬场专门用于焚化遗体的设备，又被称作火化炉、焚化炉等。其结构见图 1-1。

火化机的功能是将遗体及随葬物品等焚化成灰烬。从燃烧学角度来讲，遗体火化过程实质是，将遗体及随葬品经过高温强烈氧化，达到完全燃烧，分解后，尽可能地变成无害化成分的过程。

火化机的工作原理是：采用焚化的方式，将遗体置于用耐火材料砌筑而成的封闭炉膛内，并根据其燃烧的需要，不断供给燃料和氧，使其充分燃烧，最后焚化成灰烬。

课件-火化机定义
及工作特点

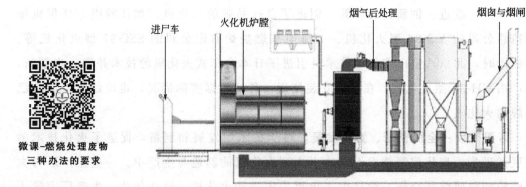

图 1-1　火化机结构简图

（进尸车、火化机炉膛、烟气后处理、烟囱与烟闸）

微课-燃烧处理废物
三种办法的要求

遗体属于固体废物，燃烧处理固体废物的办法，主要分为直接燃烧法、焚化法和催化燃烧法三种。

①直接燃烧法是将废弃物品引燃，不另外加燃料，主要是利用废弃物本身的发热量来进行燃烧。这种燃烧方式既可在燃烧炉中燃烧，也可在露天燃烧。

②焚化法是利用燃料燃烧时所产生的热能，使废弃物进行分解和氧化燃烧，直至焚化完毕。目前世界各国处理遗体及随葬品的火化机基本均是采用这种方法。

③催化燃烧法是利用催化剂将废气中的污染物在较低温度下进行燃烧的方法。直接燃烧烧法和焚化法一般都要在 700～1000℃ 时才能使固体废物达到完全燃烧和接近完全燃烧的要求，而催化燃烧法是使用催化剂来催化物体的燃烧，其温度一般为 250～500℃。催化燃烧法主要适用于处理恶臭物质。虽然目前催化燃烧法还没有应用于火化机技术中，但如把此技术应用于火化机二次燃烧的处理中，将会收到很好的效果。

二、火化机的工作特点

随着科技水平不断提升，许多新技术、新工艺和新标准被广泛应用于火化机的设计、控制与操作中，同时火化机的发展还要适应人文殡葬与绿色生态环境的发展要求，故此火化机在进行遗体焚化过程具有以下几个特点。

（1）过程文明化

火化机的焚化对象是人的遗体，它与其他一般固体废弃物（如垃圾等）的焚化要求不同。作为人的遗体，在焚化过程应给予人格化的尊严，必须进行文明火化。这就对火化机焚化过程提出了文明操作的要求。

（2）结构节能化

遗体火化耗油量和耗电量都比较大，通过对现有火化设备进行一些结构的改变，就可以减少能源的消耗。还可以根据不同的环境、地点及不同操作人员的技术条件，进行适当的调节，完全可以获得明显的节油、减排效果。

（3）排放无害化

火化机焚化过程中的排放物，是由遗体与燃料燃烧后所产生的烟气，这其中含有一些污染物质，虽然其对环境的污染程度远比工业污染小得多，但人们在主观上却无法接受。因此，这就对火化机的无害化排放提出很高的要求。

（4）工作安定化

遗体的焚化是在封闭的炉膛里进行剧烈的氧化和燃烧并分解的过程，且燃烧后所生成的烟气对人体有害，这就要求火化机在正常工作时，不能出现烟气泄漏的情况，因而对火化机的防火、防泄漏、防爆等要求非常高。同时在遗体焚化过程中，如出现故障而中断火化过程，则丧户家属会有很大的意见，因此对设备的稳定性和可靠性都提出了很高的要求。总的说来就是要安全、稳定。

（5）控制自动化

火化机每次在焚化遗体时，其燃烧情况各有不同，为了保证完全燃烧的要求，必须实时地对助燃风和燃料的供给量进行调节，而操作人员无法达到时刻准确进行手工调节的要求，必须依靠计算机进行自动控制，才能达到相应的要求，这就要求火化机的自动化程度比较高，才能满足工作的需要。

第三节　火化机的分类

一、火化机分类

1. 按火化机使用的燃料分类

根据火化机使用的燃料不同，可分为燃煤式火化机、燃气式火化机、燃油式火化机和特能式火化机四种。

课件-火化机的分类

（1）燃煤式火化机

燃煤式火化机是用煤作为火化机的燃料。燃煤式火化机曾是 20世纪 70 年代我国火化机的主流产品，并对当时处于经济条件落后的殡葬事业的发展起到了非常大的作用。1966 年，民政部专门在上海举行了 64 型燃煤火化机的安装技术现场会，并向各殡葬单位进行了推广。

采用煤作为燃料的燃煤式火化机，因煤燃烧后产生的灰分较多，为了避免煤的灰分和遗体焚化后的骨灰混在一起，必须将煤燃烧的炉膛和遗体燃烧的炉膛分开；而且燃煤式火化机很难采用二次燃烧技术对烟气中的可燃物质进行完全燃烧，因此，也无法将含有污染物质的烟气进行有效的净化，造成对周围环境的污染。同时，操作工人的劳动强度大，工作环境差，因此，这种燃煤式火化机不具备高自动化、无害化发展的可能性，所以已被淘汰。

（2）燃油式火化机

燃油式火化机是采用液体燃料作为火化机的燃料。火化机中使用的液体燃料主要是油。国内生产的燃油式火化机大都使用 $0^{\#}\sim20^{\#}$ 轻柴油作为其燃料，南方有个别地方使用了 RC3-10 重柴油。重柴油价格比轻柴油便宜，火化成本相对要低一点，但其运动黏度大，凝度高，在北方不宜使用，并且重柴油含硫量高（0.5%），机械杂质多，给火化机消除污染物质增加了难度。因此。目前燃油式火化机主要使用的燃料为轻柴油。

燃油式火化机因其操作方便，劳动强度小，容易实现自动化，便于采取减少或消除污染物的措施，且燃料不受地域限制等特点，而成为殡仪馆的普及型产品。

（3）燃气式火化机

燃气式火化机是采用气体燃料作为火化机的燃料。火化机所使用的气体燃料主要包括工业煤气、天然气和液化气等。气体燃料的优势是燃烧时所产生的污染物质极少，燃烧也十分充分，在发达国家这种火化机应用得极为普遍。但燃气式火化机必须在有城市管道供气系统的地方才适用，目前上海、苏州、重庆、大连、大庆等地采用了这种火化技术。基于燃气式火化机具有很多突出的优点，同时又易于实现自动化和无害化，随着我国城市管道煤气系统的普及，它将有广阔的发展前途。

（4）特能式火化机

除了煤、油、气以外，以其他能源作为热源火化遗体的火化机称为特能式火化机，如离子射束、电子射束、原子射束、激光等高能射束，如果技术条件成熟，作为新能源，完全可以引入到火化机中，成为新型燃料。随着科学技术水平的不断提高，相信在不远的将来，一定能够实现这个愿望。

2. 按火化机炉膛的结构分类

根据火化机炉膛的结构不同，可分为架条式火化机、平板式火化机和台车式火化机三种。

（1）架条式（炉条式）火化机

架条式火化机又称炉条式火化机，是指火化机的炉膛内用来支承遗体的部分是由耐火混凝土预制件或耐火钢铸件做成的炉条架尸座，形成炉桥结构，对遗体架空进行焚化的火化机。82B-1 火化机即为此结构的火化机。

架条式火化机的优点：架空燃烧，增大了遗体燃烧时的表面积，火焰可围绕整个遗体进行燃烧，燃烧死角很小，因而遗体焚化速度快，节约燃料，利于连续焚化，且焚化效果好。

其缺点：如操作不精心，容易造成混灰的现象，不够文明；炉膛较大，保温性能比平板式火化机要差一些，且首炉升温时间长；炉条结构使用寿命比平板式火化机要短，且使用一段时间后，有炉条剥落物混入骨灰的现象。

架条式火化机（图1-2）日处理遗体量较大，比较适合单日处理遗体多的殡仪馆。

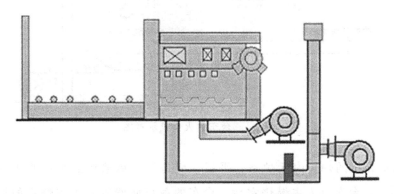

图1-2　架条式（炉条式）火化机示意图

（2）平板式火化机

平板式火化机是指火化机炉膛内用来支承遗体的部分是由耐火材料砌筑而成的固定炕面的火化机，它是炉条式火化机的替代产品。

平板式火化机的优点：操作方便，便于维修，保温性能好，首炉升温快，不易造成混灰，符合文明火化的要求。

其缺点：遗体背部与支承平板炕面接触，形成燃烧死角，焚化效率略低，连续焚化时，单机日处理能力为6具/天，平均燃料耗用量略高于炉条式火化机。

由于平板式火化机（图1-3）有操作方便、保温性能好、符合文明火化的要求等优点，所以它是中、低档次火化机的主流结构。

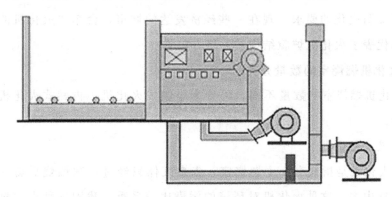

图1-3　平板式火化机示意图

（3）台车式火化机

台车式火化机是根据日本间歇式台车火化机改进和发展起来的火化机。20世纪90年代由北京京龙机械设备公司和江西南方环保机械制造公司，在对日本东博炉的改进基础上，研制开发了适合我国国情的连续焚化的台车式火化机（图1-4）。

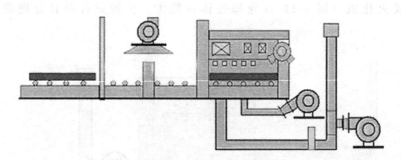

图 1-4　台车式火化机示意图

台车式火化机的炉膛内无炉条、平板，而是将支承遗体的炕面改用耐火材料砌在进尸台车上，台车进入主燃烧室后，台车的载尸面就成了主燃烧室的炕面，焚化结束后，台车炕面载着骨灰退出主燃烧室，待台车冷却后，再由逝者的亲友亲自收敛逝者的骨灰。

台车式火化机根据其运动的形式不同，又可分为间歇式和连续式两种。间歇式火化机每台只配置一部台车，焚化结束须进行冷却，收敛骨灰后，再载遗体进入炉膛内进行焚化。这类台车式火化机日处理遗体能力很小，且火化机炉膛热损失大，从而燃料消耗量也比较大。连续式火化机则是每台火化机配置两台或配置一部台车两个炕面，使之可以轮流进行进尸和冷却，这样，其日处理遗体能力就可增加一倍，且减少了火化机炉膛的热损失，大大地节约了燃料。

台车式火化机在焚化遗体过程中不需翻动遗体，不会造成混灰现象，并可由亲友亲自收敛骨灰，寄托哀思，这些都有利于拓展殡葬业务，深化殡葬服务改革，并高度体现了文明火化的要求。现在一些经济发达的城市，台车式火化机的普及速度很快，基本代表了火化机炉膛结构的发展方向。

3. 按火化机燃烧室的数量分类

根据火化机燃烧室的数量不同，可分为单燃式火化机、再燃式火化机和多燃式火化机三种。

（1）单燃式火化机

单燃式火化机是指只有一个燃烧室，未燃气体只经过一次燃烧后就通过烟道和烟囱排到大气中去。这种火化机对环境的污染比较严重。我国这种火化机是仿捷式火化机，有燃煤的也有燃油的。这种火化机在我国殡仪馆中还占有一定的比例，尤其是经济不发达的地区，这种火化机的存在还会有一个相当长的时期。

（2）再燃式火化机

再燃式火化机具有主燃烧室和再燃烧室两个燃烧室。主燃烧室的燃烧对象是遗体及其随葬品，再燃烧室的对象是烟气，在主燃烧室火化过程中产生的未燃气体进入再燃烧室时再进行燃烧。由于增加了一个燃烧室，延长了烟气在炉膛内的滞留时间，为未燃气体的充分燃烧提供了条件，大大减少了污染物的产生。目前我国大、中城市殡仪馆所使用的多为这种火化机。

（3）多燃式火化机

这种火化机有两个以上的燃烧室，一般是三个燃烧室，即主燃烧室、再燃烧室和三次燃烧室。主燃烧室燃烧对象是遗体及随葬品，再燃烧室和三次燃烧室的燃烧对象是烟气中未燃物质。由于多燃式火化机增加了一次烟气的燃烧，所以，该类火化机对烟气中的未燃烧物质处理比较完善，排放的污染物质比较少。

4. 按火化机的档次分类

根据火化机的档次，分为低档火化机、中档火化机和高档火化机三种。

（1）低档火化机

凡是一次燃烧，又没有烟气处理设备的火化机都属于这一档次。其结构简单，维修方便，造价低，但文明程度低，对环境污染严重，是今后逐步改善的对象。

（2）中档火化机

这一档次的火化机设有再燃烧室（或两台火化机共用一个再燃烧室），二次燃烧室排出的烟气经烟道和引射式矮烟囱排放到大气中。这种火化机污染物的排放达到国家三级或二级标准，烟囱口基本没有黑烟。

（3）高档火化机

高档火化机现有两种形式：设有多次燃烧并有烟气后处理设备的高档火化机和电脑控制全自动不带烟气处理设备的高档火化机。前者有主燃烧室、再燃烧室（和三燃烧室），使遗体在焚化过程中产生的有毒、有害、有味气体得到充分的燃烧，并配有烟气换热器、除尘器和除臭器等烟气后处理设备，使污染物的排放达到国家一级标准，排烟黑度接近林格曼 0 级，基本上达到无公害排放。但这种火化机体积庞大，价格昂贵。后者利用电脑实行焚化全过程的自动控制，也没有再燃烧室，尽可能使燃烧的各个阶段处于最佳状态。这种火化机的污染物排放可以达到国家二级标准，没有明显的黑烟和异味。这种火化机小巧美观，对环境污染少，但其电脑控制部分价格高，有些电气控制元件靠进口，因而维修困难。

二、火化机主要参数

火化机的技术参数是评价火化机技术水平和使用性能的主要标准，也是检验产品质量的主要依据。下面以燃油式火化机为例说明技术参数基本情况。

● 火化时间：单台火化机火化每具正常遗体平均所需时间，单位为"min/具"。台车式火化机火化时间不应大于 90min/具，其他形式火化机的火化时间不应大于 60min/具。

- 耗油量：火化机火化单具遗体平均消耗的燃油量，单位为 kg/具。台车式火化机耗油量不得超过 35kg/具，其他形式的火化机耗油量不得超过 25kg/具。

- 主燃烧室工作温度：600～1000℃。

- 再燃烧室工作温度：400～800℃。

- 主燃烧室工作压力：−10～−30Pa。

- 炉表温度：30～40℃。

- 保温性能：停炉 12h 后，不低于 400℃。

- 班火化率：8～12 具/班。

- 最小无故障间隔：100h。

- 中修期：火化 3000 具以后。

- 火化机使用寿命：不小于 15000 具。

- 电气总容量：小于 15kW。

- 火化机总重量：小于 18t。

思考与练习

课件-遗体火化师
职业道德

1. 什么是火葬？我国火葬事业的发展共经过了哪几个阶段？

2. 火化机的基本功能是什么？处理固体废物的主要方法有哪几种？各自有什么要求？

3. 火化机根据使用的燃料不同可分为哪几类？根据炉膛结构的不同又可分哪几类？它们各自有什么特点？

4. 火化机的基本发展趋势是什么？

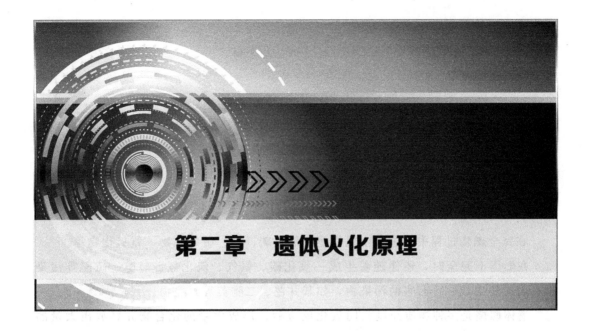

第二章　遗体火化原理

学习目标
①掌握燃烧学的基本理论及分类。
②掌握固体、液体和气体燃料的特点及燃烧过程。
③掌握火化机常用燃料的性质及种类。
④掌握热量传递三种方式的特点。
⑤掌握遗体及随葬品的组成。
⑥掌握遗体燃烧 8 个阶段的特点。

第一节　燃烧原理

一、燃烧学理论

课件-燃烧原理

　　燃烧是两种（或多种）物质起强烈的氧化反应且伴随有强烈的发光、发热等现象。火化机中的燃烧主要是气体、液体或固体燃料与遗体之间产生的强烈的氧化反应而形成的，在燃烧的过程中一般都伴随热的传递、流动和化学反应等综合现象。具体来说，在火化燃烧过程中，主要进行的化学反应如下。

　　（1）氢的燃烧

$$2H_2 + O_2 == 2H_2O + Q$$

　　（2）碳的燃烧

$$C + O_2 == CO_2 + Q \qquad 2C + O_2 == 2CO + Q$$

（3）硫的燃烧

$$S + O_2 =\!\!=\!\!= SO_2 + Q$$

（4）氮的燃烧

$$N_2 + O_2 =\!\!=\!\!= 2NO_2 + Q$$

（5）钙的燃烧

$$Ca + O_2 =\!\!=\!\!= CaO_2 + Q$$

（6）烃的燃烧

$$C_mH_n + \left(\frac{m+n}{4}\right)O_2 =\!\!=\!\!= mCO_2 + \frac{n}{2}H_2O + Q$$

在完全燃烧过程中，主要生成物是二氧化碳、水、硫氧化物、氮氧化物等。

在燃烧不完全时，还伴随着生成一氧化碳、氨气、硫化氢、硫醇、硫醚等污染物，有时还生成一些有害的污染物，如苯并芘、二噁英等致癌物。

遗体燃烧是多种物质经过共同氧化反应后，形成大量的化合物并释放出大量的热的过程，其主要表现为高温和烟尘等。

二、燃烧条件

微课-燃烧条件

并非一切可燃物质在任何条件下都能燃烧。从燃烧学的角度来讲，要使物质燃烧，必须具备以下三个条件：

①有可燃物质存在　如煤、木材等，如没有可燃物质，就谈不上燃烧的存在；

②有助燃物质存在　如氧、氢等助燃气体，可燃物质在进行氧化反应的同时，需外界维持供给量才能维持燃烧；

③有能导致燃烧的能源　这些能源的触发因素有火源、电火花、压力等。

三、"3T"理论

在燃烧技术的实践中，人们总结了实现充分燃烧、合理燃烧的几个重要条件：第一要具备最佳的燃烧温度（Temperature）；第二，要有足够的燃烧时间（Time）；第三，要有适当的火焰湍流程度（Turbulance），取其英文词头的大写字母，即 3T。这三个重要条件被称为"3T"理论。

四、燃烧的分类

1. 按可燃物质的性质分类

燃烧按可燃物质的性质不同，可分为固体燃料（煤、木材等）燃烧、液体燃料（汽油、柴油等）燃烧和气体燃料（液化石油气、天然气、城市煤气等）燃烧三种。

2. 按燃烧形式分类

燃烧形式分为扩散燃烧、分解燃烧、蒸发燃烧、表面燃烧。

（1）扩散燃烧

甲烷、氢气等可燃性气体，由喷嘴喷到空气中，与空气混合时先燃烧，随后靠周围介质扩散来的氧气维持燃烧。

（2）分解燃烧

木材、煤等固体燃料或高沸点的液体燃料，由于受热分解出可燃性气体，遇火则产生火焰。该火焰又加热，促进燃料进一步分解以维持燃烧。

（3）蒸发燃烧

对于醇类、煤油、石蜡等液体燃料，由蒸发产生的蒸气遇火而产生火焰，该火焰加热液体的表面又促进了液体的蒸发，则形成持续燃烧，如酒精、煤油和硫黄、松香等的燃烧。

（4）表面燃烧

木炭燃烧，由于热分解而引起炭化，生成无定形固体，表面部分接触空气，遇火时产生燃烧。

3. 按氧化速度分类

按氧化速度不同分为闪燃、自燃和化学爆炸等。

（1）闪燃

任何一种液体的表面上都有一定数量的蒸气，而蒸气浓度则决定于该液体所处的温度。在一定温度下，易燃、可燃液体表面所产生的蒸气达到一定的浓度，与空气混合后，一遇火源，就会发生一闪即灭的燃烧，这种燃烧现象叫闪燃。能产生闪燃的最低温度叫闪点。

（2）自燃

无明火作用而自行燃烧的现象叫自燃。自燃又可分为受热自燃和本身自燃。

①受热自燃　是由于外界加热达到自燃点而引起的自行燃烧现象。如可燃物质在加热烘烤和热处理中或受热摩擦、辐射热、化学反应、压缩热的作用所引起的燃烧，都属于受热自燃。

②本身自燃　是可燃烧物质由于生物、物理、化学的作用发热达到自燃点而引起的燃烧，如煤的自燃、硫化铁的自燃等现象。

（3）化学爆炸

可燃物质在化学作用下发生的反应，从而产生燃烧。

五、可燃物质的实际燃烧过程

这里主要讨论三种常见的可燃物质的燃烧情况，主要包括固体燃料、液体燃料和气体燃料的燃烧过程，这也是当前火化机中常见的燃料燃烧过程。

（一）固体燃料的燃烧过程

火化机固体燃料一般主要是指煤和遗体。固体燃料的燃烧过程，实质是固体燃料中的可燃成分与空气中的氧气发生强烈的化学反应的过程。一般这个过程可分为三个阶段：着火阶段、燃烧阶段、燃尽阶段。这里以煤为例来说明这三个阶段进行的过程。

1. 着火阶段

煤投入火化炉内，加热到100℃时，煤中的水分基本蒸发完毕，加热到271～300℃时可产生硫化氢气体，温度达到600～700℃时煤中挥发成分和氧气绝大部分已逸出，700℃以上挥发物已全部逸出。本阶段的特征是使煤受热、干燥，以及挥发物的分解。这个阶段主要是"吸热"为主，不需要提供氧气。

这个阶段固体燃料的着火温度，取决于固体燃料中所含挥发物的多少，挥发物与着火温度成正比，如煤的着火温度为700～800℃。

2. 燃烧阶段

着火阶段结束后，开始进入燃烧阶段。此时煤中挥发物和焦炭因达到一定的温度而开始进行急剧的燃烧。

这个阶段的特征是挥发物和碳进行急剧的燃烧后，将放出大量的热，这时需要外界供给足够的空气量，以保证燃烧能充分进行。

3. 燃尽阶段

固体燃料经过燃烧后，绝大部分物质都变成了灰渣。灰渣中还残留了一些焦炭和其他一些可燃物质，这些物质在这个阶段中将继续燃烧，直至燃尽。

这个阶段的特征是燃烧微弱，所需空气量相应减少。

由于燃烧过程比较复杂，以上三个阶段不可能明显进行区分，有时这三者之间还可能相互交叉进行，所以，燃烧过程处于哪个阶段并不能一概而论，要视具体情况而定。

（二）液体燃料的燃烧过程

液体燃料是目前火化机使用最多的燃料，常见的液体燃料包括天然液体燃料（如石油及加工产品）和人造燃料（如煤、油页岩提炼出来的燃料油）等。石油通过分馏或裂解，获得汽油、柴油、重油、煤油、渣油等燃料。考虑单位燃料燃烧产生的热量及价格等因素，火化机中的液体燃料一般采用轻柴油。

液体燃料根据其在着火燃烧前发生蒸发与气化的特点，可将其燃烧分为以下几种。

（1）液面燃烧

液体燃料表面有热源或火源，使液体表面蒸发，当燃料蒸气与周围空气形成一定浓度的混合气，并达到着火温度时，便可发生液面燃烧。如果燃料蒸气与空气混合不良，则将导致燃料严重裂解，其中的重成分不发生燃烧反应，会产生大量黑烟，严重污染环境。例如油罐火灾、海面浮油火灾等。

（2）灯芯燃烧

灯芯燃烧是利用灯芯将燃油抽吸出来，在灯芯表面生成油蒸气，油蒸气和空气混合发生燃烧。如煤油炉、煤油灯等。

（3）预蒸发型燃烧

燃料进入燃烧空间之前蒸发为油蒸气，以不同比例与空气混合后进入燃烧室中燃烧。燃烧方式与气体燃料燃烧原理相同，适合于黏度、沸点不高的轻质液体燃料。例如汽油机装有汽化器，燃气轮机装有蒸发管。

（4）喷雾型燃烧

液体燃料通过喷雾器雾化成一股由微小油滴组成的雾化锥气流，在雾化的油滴周围存在空气，当雾化锥气流在燃烧室被加热，油滴边蒸发、边混合、边燃烧。动力行业多采用此种燃烧方式，是工程实际中主要的液体燃料燃烧方式。

根据火化机的工作要求，其轻柴油的燃烧一般都是采用喷雾型燃烧。

液体燃料的喷雾型燃烧过程可为分三个阶段：油的雾化、油滴的蒸发和油滴的燃烧。

1. 油的雾化

用雾化器将燃油分裂成许多微小而分散的油滴，以增加燃油单位质量的表面积，使其能和周围空间的氧化剂更好地进行混合，在空间达到迅速和完全的燃烧。雾化的方法可分为机械式雾化和介质式雾化。

（1）雾化过程

从图 2-1（a）中可以看出，燃油从喷嘴喷出时形成油流，由于初始湍流状态和空气对油流的作用，使油流表面发生波动，在外力作用下，油流开始变为薄膜并碎裂成细油滴。从图 2-1（b）图可看出，已分裂出的油滴在气体介质中还会继续再分裂。油滴在飞行过程中，受外力（油压形成的推进力、空气阻力和重力）和内力（内摩擦力和表面张力）作用，只要外力大于内力，油滴便会产生分裂。直到最后内力和外力达到平衡，油粒不再破碎。

微课-油的雾化过程

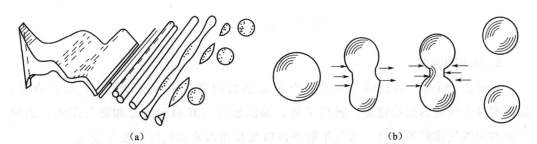

(a)   (b)

图 2-1 油的雾化过程

（2）雾化方法

①机械式雾化　如图 2-2 所示，燃油在高压下通过雾化片的特殊机械结构将燃油雾化，通过喷油嘴喷出。按该原理工作的雾化器有直流式、离心式和转杯式。

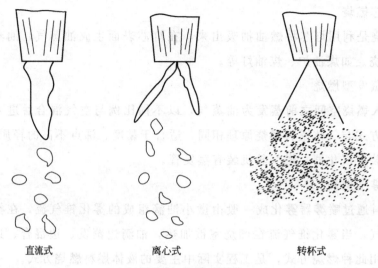

直流式　　　　　离心式　　　　　转杯式

图 2-2　机械式雾化

雾化后的油滴直径随雾化器内油压的增大而减小，$p_转 > p_离 > p_直$。

②介质式雾化　如图 2-3 所示，燃油靠附加的雾化介质（蒸气或压缩空气）的能量来雾化。根据其压力的不同，分为高压雾化、中压雾化和低压雾化。

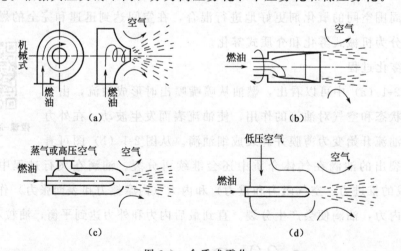

图 2-3　介质式雾化

2. 油滴的蒸发

如图 2-4 所示，油滴的蒸发是一个很复杂的问题，在蒸发过程中，油滴直径、油滴相对于气流的运动速度、换热系数、油滴温度与其相应的饱和蒸气压力、油滴表面与周围气体间的温差、油气扩散条件以及其他因素都同时在发生变化。

3. 油雾的燃烧过程

油雾的燃烧过程大致分为图 2-5 所示几个阶段：雾化、蒸发、热解和裂化、混合、着火，但各阶段之间是相互联系、相互制约的。在火焰中，各个阶段之间并不存在明显的界限。

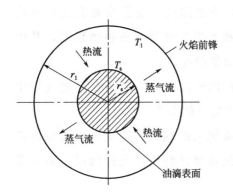

图 2-4　高温下油滴的蒸发

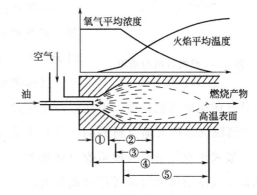

图 2-5　油雾炬燃烧示意图
①雾化；②蒸发；③热解和裂化；④混合；⑤着火，形成火焰

大多数油滴在燃烧室中边蒸发、边混合、边燃烧，在油滴表面附近形成一个球形火焰面，在火焰面上蒸气与空气相遇而进行燃烧。如果油滴和周围气体之间没有相对运动，那么在油滴的周围形成一同心的球状扩散火焰，称为全周焰。当油滴与周围气体之间有相对运动时，火焰形状变为椭圆形，而且随着气流速度增大，椭圆形火焰会沿着气流方向被拉长，当速度继续增大，火焰首先会在油滴的迎风面上熄灭，然后渐向油滴后方转移，直到油滴尾部某个位置为止，形成所谓的后流焰。如图 2-6 所示。

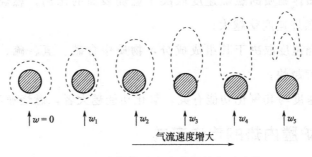

图 2-6　油滴燃烧时产生全周焰与后流焰

一颗油滴燃烧完全所需的时间与其直径的平方成正比，其计算公式如下：

$$t = \frac{r_0^2}{k}$$

式中　r_0——油滴直径；

k——燃烧常数；

t——油滴燃烧时间。

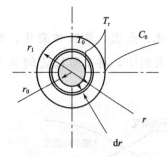

图 2-7　燃烧时间与油滴
直径的关系

燃烧时间与油滴的直径关系如图 2-7 所示。

（三）气体燃料的燃烧过程

气体燃料要选用合适的燃烧器才能取得良好的燃烧效果。

一般在火化炉中使用的燃烧器主要有火炉燃烧器、扩散燃烧器和无焰燃烧器等多种燃烧器，其中以无焰燃烧器的效果最好。

气体燃烧过程比较简单，关键是在燃烧过程中要保持气体供应的稳定性，要注意防止脱火与回火现象的发生。

所谓脱火是指火焰受到影响，离开火孔而造成熄火的现象。造成脱火的原因很多，一般来讲空气量过大或可燃气体增加、气体流速超过燃烧量允许的极限值以及燃烧器位置不当等原因都可能造成脱火。

所谓回火是指当可燃气体与空气混合时，在燃烧面上的速度小于火焰传播的速度，火焰可能产生反击，退缩到火孔内，这种现象就称为回火。

脱火和回火现象都是十分有害的，严重的可能会发生爆炸事故。因此，在操作中一定要防止这两种现象的发生。

以上是固体、液体和气体三种燃料的燃烧过程的简介。在实际操作中，往往在同一炉膛中是多种燃料共存燃烧的过程，所以要根据实际的操作情况对各种供给量进行合理的配置，以达到最佳的燃烧效果，提高可燃物质的燃烧速度。

可燃物质在实际燃烧过程中，影响物质燃烧速度的因素主要有以下几个方面：

①相同可燃固体物质的燃烧速度取决于燃烧表面的比例，燃烧表面积对体积的比例越大，它的燃烧速度就越大；

②物质的燃烧速度取决于其组成成分，物质中含碳、氢、硫、磷等可燃性元素越多，燃烧的速度越快；

③物质燃烧速度与其氧化功能有关，氧化功能越大者，燃烧速度越快。

六、火化机炉膛内热的传递方式

课件-热传递方式

火化机内热的传递，主要是利用燃料燃烧时产生的高温，将遗体和随葬品一并焚化，使其产生的烟气和烟尘从烟气输出系统中排出。

火化设备的燃烧方式根据燃料的不同有两种类型：采用固体燃料的火化机使用炉排（也称炉床）燃烧；用气体或液体燃料的火化机采用空间燃烧。

焚化物的加热速度与炉膛内热交换（热传递）过程有密切的关系，炉膛内热传递有三种基本形式：传导传热、对流传热、辐射传热。

1. 传导传热

传导传热是指温度不同的物体直接接触而产生热交换的现象。如焚化遗体与已加热的炉膛内衬构件之间的接触所产生的热交换现象等。

2. 对流传热

对流传热是指炉膛内灼热的气流与焚化物表面接触，产生流动时所发生的热交换现象。

在火化机炉膛内主要包括炉气各部分发生位移所产生的对流作用和炉气分子间的导热作用。在火化设备炉膛内主要有强制对流和自然对流两种对流传热方式。强制对流是指炉气受烟囱的自然抽力和鼓风机、引风机加压所产生的对流运动；自然对流是指由于炉膛内存在温差、气体的密度不同而产生的对流运动。

3. 辐射传热

辐射传热是物体热射线的传播过程，物体温度越高，其热的辐射能量就越大。在火化机中主要表现为燃料燃烧和遗体焚化过程中所产生火焰的光线进行的热辐射。

在火化机炉膛内的三种热传递中，以辐射传热为主，对流传热次之，传导传热辅之。炉膛内的热量主要通过这三种方式在火化机的内部进行传播，以满足遗体焚化过程中对热的需要。

第二节 常用燃料

燃料是指通过燃烧获得大量热能，能够为人们以各种方式所利用的可燃物质。火化机通过燃料燃烧所释放出来的热量，达到焚化遗体的目的。

燃料按物态为固体、液体、气体三种；按获得方式不同可分为自然燃料和人造燃料两种。表 2-1 为燃料的一般分类情况。

表 2-1　燃料的一般分类

燃料物态	天然燃料	人造燃料
固体燃料	木柴、泥煤、褐煤、烟煤、无烟煤、油页岩	焦炭、粉煤、煤砖（饼、球）
液体燃料	石油	汽油、煤油、柴油、重油、渣油、酒精、煤焦油
气体燃料	天然气	高炉煤气、焦炉煤气、发生炉煤气、石油裂解液化气、沼气、地下液化气

火化机常用的燃料有固体燃料、液体燃料和气体燃料三种。

一、固体燃料

天然固体燃料分为木质燃料和矿物质燃料，而矿物质燃料主要是煤。煤是现代工业热能的主要来源。

1. 煤的种类

根据生物学、地质学和化学的研究，煤是由古代植物演变来的，中间经过了漫长而复杂的变化过程。根据煤演变的年龄，可将其分为四类：泥煤、褐煤、烟煤、无烟煤。

（1）泥煤

形成的时间大约在 100 万年前。泥煤的质地疏松，吸水性强，水分含量高达 85%～90%，开采后风干，水分含量达 25%～30%。与其他煤相比，化学组成上泥煤含氧量最高，达 28%～30%。泥煤的主要用途是烧锅炉和作气化原料。

（2）褐煤

形成的时间大约在 120 万年前。褐煤的黏结性弱，极易氧化和自燃，吸水性较强，挥发分高，热稳定性差。天然状态含水 30%～60%，开采风干后也达 10%～30%，含氧量最高，达 15%～30%。褐煤一般只能作一般性燃料使用。

（3）烟煤

形成的时间大约在 1 亿年前。烟煤是一种碳化程度较高的煤。其密度较大，吸水性较小，含碳量较高，氢和氧的含量少，是冶金工业和动力工业不可缺少的燃料。

（4）无烟煤

形成的时间大约在 2 亿年前。无烟煤是矿物程度最高的煤。其年龄最老，密度大，含硫量大，挥发分极少，组织致密而坚硬，吸水性小，适于长途运输和长期储存。可用作气化或在小高炉中代替焦炭使用。

2. 煤的化学组成

各种煤都是由结构极其复杂的有机化合物组成的。这些化合物的分子结构至今不清楚。根据元素分析，煤的主要可燃元素是碳，其次是氢，并含有氧、氮、硫等。这些成分叫煤的可燃质。此外，水分（W）和灰分（A）叫煤的不燃质。一般情况下，主要是根据煤中 C、H、O、N、S、灰分（A）和水分（W）的含量来了解煤的化学组成。

3. 煤的性能

各种煤的性能如表 2-2 所示。

表 2-2　煤的性能

名称	成煤年龄	煤化程度	挥发分	反应性	含水分	含 C 量	含 H、O 量	密度	机械强度	热值
泥煤	短	低	高	好	高	低	高	低	差	低
褐煤	↓	↓	↓	↓	↓	↓	↓	↓	↓	↓
烟煤	长	高	低	差	低	高	低	高	好	高
无烟煤										

二、液体燃料

1. 燃料油的种类

根据加工工艺流程，燃料油可以分为常压燃料油、减压燃料油、催化燃料油和混合燃料油。常压燃料油指炼油厂常压装置分馏出的燃料油，通过直馏法将原油分馏为汽油、柴油、煤油等，如图2-8所示。减压燃料油指炼油厂减压装置分馏出的燃料油，如图2-9所示。催化燃料油指炼油厂催化裂化装置分馏出的燃料油（俗称油浆）。混合燃料油一般指减压燃料油和催化燃料油的混合。

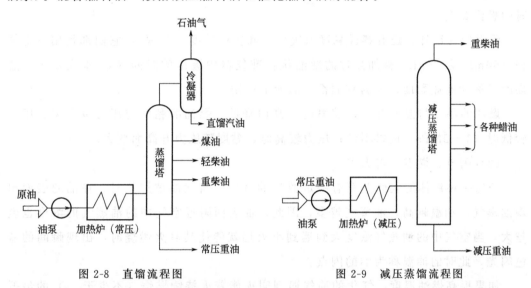

图 2-8 直馏流程图　　　　　图 2-9 减压蒸馏流程图

根据用途，燃料油可以分为船用燃料油、炉用燃料油及其他燃料油。火化设备目前所用的燃料油一般为$0^\#$～$-35^\#$轻柴油。在原油的加工过程中，较轻的组分先被分离出来，在汽油、煤油、柴油从原油中分离出来之后，较重的剩余产物经裂化后分离出的成分作为燃料油使用，广泛用于船舶锅炉燃料、加热炉燃料、冶金炉和其他工业炉燃料。

2. 燃料油的主要特性

燃料油的主要技术指标有相对密度、黏度、含硫量、闪点、水、灰分和机械杂质等。

（1）相对密度

相对密度是烃类燃料的一个很重要的物理参数。20℃时油的密度（单位体积内物质的质量）与4℃时纯水的密度之比值，称为该油的标准相对密度，用符号 d 表示，是无量纲的值。

（2）黏度

黏度是衡量燃料油流动阻力的一项指标，黏度越低，流动性能越好。表示黏度的方法一般有以下三种。

①动力黏度（μ） 亦称绝对黏度。在流体中，两个面积为 10cm、相距 1cm 的两层液面，以 1cm/s 的相对速度运动时，液面间产生的内摩擦力即为动力黏度，单位是 Pa·s。

②运动黏度（Y_0） 液体的动力黏度与其同温度下的密度之比，称为运动黏度。即 Y_0 可按 GB/T 265—88 国家标准测定。

③恩氏黏度（E） 是一种条件黏度，即用某种黏度计在规定的条件下测得的黏度。用 200mL 温度为 t(℃) 的燃料油通过恩氏黏度计的标准容器全部流出所用的时间，与同体积的 20℃ 的蒸馏水由同一标准容器中流出时间之比，称为该油在 t(℃) 时的恩氏黏度。

除恩氏黏度外，还有赛氏黏度（美国）和雷氏黏度（英国），它们都是用一定体积（50mL 或 60mL）被加热过的燃油从标准仪器中流出的时间（s）来表示。上述黏度又称为商业黏度，因为它们都在商业上使用。

燃油的黏度与温度有关，随温度升高而降低。燃油的黏度与压力也有关，压力较低时（1~2MPa）可以不计；压力较高时，黏度随压力升高而变大。

（3）闪点、燃点、着火点

任何一种液体的表面上都有一定数量的蒸气。当燃油被加热时，在油的表面出现油蒸气，油温越高，油蒸气越多，因此，油表面附近空气中的油蒸气的浓度也就越大，当空气中的油蒸气浓度大到遇到小火焰就能使其着火燃烧时，出现瞬间的蓝色闪光，此时的油温称为油的闪点。

如果提高燃油温度，气化的油气遇到明火能着火持续燃烧（不少于 5s）的最低温度叫做燃点。燃点要高于闪点 10~30℃。继续提高油温，油表面蒸气自己会燃烧起来，这种现象叫自燃，此时的油温叫着火点。

闪点、燃点、着火点是使用液体燃料时必须掌握的性能指标，它关系到用油的安全技术和燃烧条件的选择。例如，储油罐中油的温度应控制在闪点之下，以防发生火灾；燃烧室中的温度不应低于着火温度，否则不易着火，不利于完全燃烧。

（4）凝固点

凝固点是指当温度降低到某一值时，燃油变得很稠，以致使盛有燃油的器皿倾斜 45°角时，其中燃油油面在 1min 内可保持不动。凝固点越高，低温流动性越差，当温度低于凝固点时，燃油就无法在管道中输送。

油的凝固点与它的组成有关，重质油较高，轻质油较低。重质油凝固点一般在 15~36℃，柴油则在 -35~20℃。根据国家标准，柴油是按其凝固点高低来分等级的，如轻柴油可分成 10#、0#、-10#、-20# 和 -35# 等五级；重柴油则分成 RC3-10 和 RC3-20 两级。其等级号码就是指油的凝固点的数值。如 -10# 轻柴油就是指它的凝固点为 -10℃；RC3-20 重柴油就是指它的凝固点为 -20℃。

（5）残碳率

残碳率是液体燃料的一个很重要的指标。残碳率是指燃油在隔绝空气的条件下加热，蒸发出油蒸气后所剩下的固体碳素（以质量百分比表示）。残碳率越高，则火焰力度越高，火焰辐射能力越强。但含碳率高的燃油在燃烧时易析出固体炭粒而难以完全燃烧，易在喷嘴出口处造成雾化不良，引起积炭、结焦，影响正常燃烧过程。

目前，我国使用的柴油理化性能见表2-3。

表 2-3　柴油的理化性能

牌号	黏度（20℃）		残碳率 不大于/%	硫含量 不大于/%	闪点 不低于/℃	凝固点 不高于/℃
	恩氏（E）	运动/(mm²/s)				
10	1.2～1.7	3～8	0.4	0.2	65	10
0						0
-10	1.15～1.47	2.5～8	0.3			-10
-20						-20
-35					50	-35

火化机较普遍使用轻柴油作为液体燃料，少数火化机使用重柴油。

轻柴油的特点是点火容易，便于调节和控制，不需加热可直接使用。轻柴油以其凝固点作为牌号。

火化机较常用 $0^\#\sim10^\#$ 轻柴油，燃油着火温度为 $500\sim600℃$，其火焰传播速度为 2.3m/s，低发热量一般为 $40000\sim42300$kJ/kg（$9600\sim10100$kcal/kg）。

三、气体燃料

我国火化炉常用的气体燃料有城市煤气、天然气和液化石油气。

城市煤气大多数为炼焦煤气、发生炉煤气和油裂化气，按比例混合配制而成。由于成分不同，各地煤气含量也各有差异，但主要成分有一氧化碳、烷、碳氢化合物、氢气等物质。

天然气是优质工业燃料，其燃烧方便，效率高，更可贵的它又是重要的化工原料。

天然气的主要成分为甲烷，容积比为 $80\%\sim98\%$，其次为乙烷、丙烷及少量其他气体，热量为 $33500\sim37700$kJ/m³。

由于天然气的使用受到产地的局限，因此火化炉用天然气作为燃料应局限于天然气产区为宜。随着我国"西气东送"工程的完成，火化机采用天然气作为燃料将得到实现。

液化石油气又称压缩煤气，是开采石油的油气经加压成液体，使用时压力降低转变为煤气供燃烧使用。其主要成分为丙烷（约80%）、丁烷（约20%）的混合气体。低发热量为 $96000\sim105000kJ/m^3$，常温下液气共存压力为 $0.8\sim1.6MPa$，燃烧温度为 $2100℃$，空气需要量 $23m^3$，每 $1kg$ 液化石油气可转化为 $0.5m^3$ 油气。

第三节　遗体的化学组成及燃烧阶段

一、遗体及随葬品的化学组成

课件-遗体组成及
燃烧阶段

火化是采用专用设备焚烧遗体变成骨灰的过程，燃烧是一种剧烈的氧化反应。遗体是一个复杂的有机体，主要由脂肪、蛋白质等有机化合物和各种矿物质等无机物组成。组成人体的物质大部分是复杂的大分子，有些分子结构式至今尚未完全清楚，但主要物质通过化学分析已经确定，它们是蛋白质、脂肪、糖类、水及无机盐等，其含量见表2-4。

表 2-4　遗体体中主要化学物质的含量

化学物质名称	质量/kg	百分含量/%
蛋白质	11.0	18.3
脂肪	9.0	15.0
糖类	0.3	0.5
水	36.0	60.0
无机盐	3.0	5.0
其他	0.7	1.2

1. 人体主要物质的理化特性

（1）蛋白质

蛋白质是生命的基础，也是生物体构成的主要物质，由氨基酸分子组成，有20多种氨基酸。氨基酸中有氨基，氨基中含有氮，故人体中含氮较多。

（2）脂肪

脂肪是人体的燃料。脂肪在人体内储量很大，占体重的 $10\%\sim20\%$。储量最多的部位是皮下和腹腔内的大网膜。

（3）糖类（碳水化合物）

糖类是人体生命的主要燃料，在人体内进行生物氧化，产生 CO_2 和 H_2O 并放出能量，供人体组织利用。糖类和脂肪是可燃物质，在火化过程中能放出大量的能量。

（4）水

水是养料和氧运输的载体。在人体组织中水占 60%，年龄越小所含百分比越高。

人体内水分分三部分：

①细胞内液，即细胞内的水分，约占血液的45％；

②组织间液，存在于细胞的间隙里，约占血液的11％；

③血浆中的水分，约占血液的40％。

由于人体内水分含量很高，火化过程中需要很多燃料引燃，而且生成的烟气中水蒸气含量也较高，因此，烟气的露点较高，很容易结露，凝结的水珠吸附在烟道壁上，再吸收酸性气体，会腐蚀设备。

（5）无机盐

人体中含有多种无机矿物质，如Ca、Fe、Mg和其他金属元素100多种，在火化过程中形成氧化物，不影响火化。

2. 衣物及其他随葬品的组成成分

（1）天然高分子化合物

棉花、羊毛、蚕丝、皮革等。

（2）化学合成高分子化合物

尼龙、腈纶、维纶、氯纶、丙纶、橡胶。

（3）其他有机物和无机物

纸张、金属和非金属物质。

上述物质除水分、无机物外，分子结构都很复杂，但是，组成这些分子的基本化学元素却非常简单，都是由C、H、O、N、W（水分）、A（灰分）等组成的，其中灰分是金属和非金属的氧化物。根据数理统计结果，确定了人体与随葬品的化学组成元素，按人体60kg计算，随葬品为5kg，得到表2-5统计结果。

表2-5　遗体随葬品的化学元素的百分含量

化学元素重量		碳 （C）	氢 （H）	氧 （O）	氮 （N）	硫 （S）	水分 （W）	灰分 （A）	合计
遗体	重量/kg	10.8	1.74	5.01	1.8	0.15	38.4	2.1	60
	百分比/％	18.0	2.9	8.35	3.0	0.25	64	3.5	100
随葬品	重量/kg	2.50	0.25	1.25	—	—	0.75	0.25	5.0
	百分比/％	50.0	5.0	25.0	—	—	15.0	5.0	100

二、遗体火化过程的实质

通过大量的实验研究表明，遗体的焚化过程基本上可分为8个燃烧阶段，每个燃烧阶段都有各自的一些特点，这些特点和数据是进行手工、自动控制和调节火化设备的重要依据。下面将简单地对这8个燃烧阶段（图2-10）进行分析，以帮助更好地了解遗体燃烧时的特征。

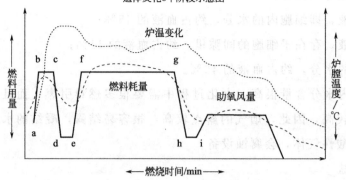

遗体焚化8个阶段示意图

图 2-10 遗体焚化各阶段示意图

1. 遗体入炉初始阶段（ab 段）

从遗体进入燃烧室至随葬品燃烧完毕止大约需要 2～4min。控制、调节原则：第一具遗体，供少量燃料或不供燃料，只供适量氧气，能支持随葬品充分燃烧即可，燃烧速度不可过快；连续火化遗体，只供氧气。在再燃烧室内要加强燃料和空气供给，使气体污染物和未充分燃烧物质得到充分燃烧。

2. 遗体水分蒸发阶段（bc 段）

遗体中含有大量水分，在其蒸发过程中，需要吸收大量的热量。此时，主燃烧室需要提供燃料和空气，若再燃烧室未达到所需温度，也需要提供燃料和空气。此阶段，遗体的易燃部分（皮肤、脂肪等）开始燃烧，约需时间 4～8min；温度控制在第一具遗体 600℃ 以上，连续火化遗体以在 800℃ 左右为宜。

在以上两个阶段中，是气体污染物产生的高峰期，需要认真操作，调节好燃料和空气的供应，掌握好空燃比。

3. 遗体易燃部分燃烧阶段（cd 段）

随着遗体中水分的不断蒸发，其易燃部分（四肢、颈、面部等）开始燃烧。在遗体焚化过程中，其水分蒸发速度和易燃程度差异较大，即使体重相同的遗体，易燃程度也不相同：女性比男性易燃，年轻的比年老的易燃，脑力劳动的比体力劳动的易燃，未冷冻的比冷冻的易燃，正常的比肝腹水的易燃。此外，少见的蜡尸，始终易燃。本阶段约需 3min。应逐渐减少燃料的供应，确保必需的氧气（空气）。

4. 遗体全面开始燃烧阶段（de 段）

由于脂肪和肌肉全面燃烧，应根据炉内燃烧的具体状况，可适当减少燃料的供给量，确保足够的供氧量。如果是肥胖遗体，自燃状况好，加之炉温高（800℃），则可不必供燃料或少供燃料，只供足够的氧气即可。

5. 遗体易燃部分全部燃烧阶段（ef 段）

遗体的易燃部分：四肢、脸、颈等全部焚化完毕，约 2～4min。此阶段，只要主燃烧室温度不超过800℃，可逐渐加大燃料和供氧量，并保持微负压。

6. 遗体难燃部分全面燃烧（fg 段）

腹部、腰部、臀部与内脏全面燃烧。本阶段脂肪已基本燃尽，自燃过程中释放的热量已很少，此时，气态污染物的产生量也不多，不会冒黑烟。因此，主燃烧室需要增大供燃料和供氧量。再燃烧室可少供或不供燃料。压力保持在 −5～−15Pa。本阶段需要 13～20min。

7. 遗体难燃部分燃尽阶段（gh 段）

本阶段主燃烧室的燃料和供氧量要逐渐减少，直至停止供燃料，只供少量氧气；再燃烧室只供少量氧气。本阶段约需 4～7min。

8. 骨灰锻炼阶段（hi 段）

为了确保骨灰脱硫、色白，在只供空气、不供燃料的情况下，保温 8～12min 后取骨灰。这样可减少骨灰的异味和炭黑。

思考与练习

1. 燃烧的三个要素是什么？

2. 常见的燃烧有哪些分类方法？

3. 保证遗体充分燃烧的四个条件是什么？

4. 火化炉中常用的燃料有哪几种？

5. 固体、液体和气体燃料的燃烧过程分别经过哪些阶段？

6. 什么是脱火和回火现象？它们对火化机有什么危害？

7. 什么叫过剩空气系数？常见的燃料燃烧所需的空气量为多少？

8. 火化炉中热的传递的主要作用是什么？炉膛骨热的传递主要有哪三种基本形式？火化炉的热传递主要以哪种形式为主？

9. 火化机所产生的污染主要指哪些？对污染采取控制措施的基本原则是什么？

第三章 火化机结构

学 习 目 标

① 掌握火化机的结构原理。

② 掌握火化机各系统的结构和工作原理。

③ 掌握火化机常用电路工作原理。

④ 掌握烟气的处理系统工作原理。

火化机是殡葬单位用来焚化遗体的设备，根据炉膛结构不同可分为架条式、平板式和台车式火化机，但总的来说，常见火化机的结构一般都是由进尸系统、燃烧系统、供风系统、燃烧室、控制系统、排放系统、烟气后处理系统及附属装置组成。

微课-火化机定义、
原理及组成

火化机的处理流程　遗体进入火化车间，经家属确认无误后，在火化师的操作下，通过进尸系统将遗体送入火化机主燃烧室，然后通过供风系统与燃烧系统，将室外空气与燃料送入燃烧室中，并点火燃烧，遗体及随葬品燃烧时产生的烟气进入再燃烧室进一步处理后，通过烟道送入烟气后处理系统进行净化处理（只有配置了烟气后处理系统的火化机才有烟气净化功能），经处理后的烟气通过烟闸与烟囱后排放到室外，最后的骨灰通过操作人员处理后，装入骨灰盒交予丧户家属，期间由操作人员通过控制系统下达指令，对火化机进行实时控制，确保其稳定工作。火化机的工作原理如图 3-1 所示，平板式、台车式火化机工作原理如图 3-2 和图 3-3 所示。

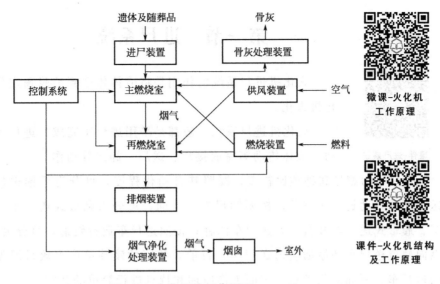

图 3-1 火化机的工作原理

微课-火化机工作原理

课件-火化机结构及工作原理

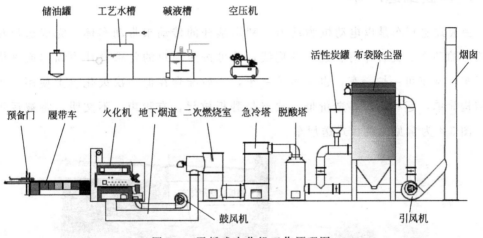

图 3-2 平板式火化机工作原理图

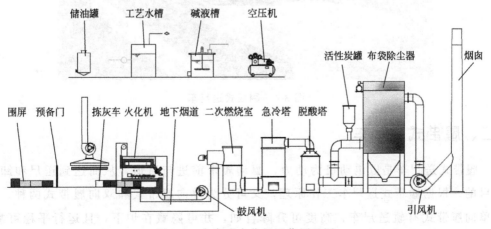

图 3-3 台车式火化机工作原理图

第一节　进尸系统

课件-进尸系统

火化机进尸系统的作用是将遗体传送到炉膛预定位置，以便火化机火化。

火化机进尸系统一般都是采用进尸车完成。进尸车利用机械传动、液体传动等完成接尸、送尸、卸尸等动作。

送尸车的型号和种类比较多，按照其自动化程度，可分为手推送尸车、半自动送尸车和自动送尸车三种；按照卸尸方式不同，可分为翻板式送尸车、挡板式送尸车、履带式送尸车和台车式送尸车四种；按照送尸车运行轨道，可分为无轨送尸车、纵向轨道送尸车和纵横轨道送尸车。目前，我国的殡葬单位多数采用无轨无拖线双向送尸车。下面对几种送尸车的工作原理和特点进行简单的介绍。

一、翻板式送尸车

翻板式送尸车是以电动机为动力，利用蜗杆的传动来带动车体，完成送尸和翻板放尸的动作。此种车有轨道、有拖线，并可按照用户的要求设计为纵向或纵横向送尸车，该车可一炉一车，也可多炉一车，一般配套在低档次火化机上使用。优点是结构简单，运行可靠，造价低；缺点是翻板放尸，有噪声，不文明，将被逐步淘汰。图3-4为常见的翻板式送尸车。

翻板式送尸体车

图 3-4　翻板式送尸车

二、履带式送尸车

履带式送尸车是以电动机为动力，驱动履带前进与后退，从而达到送尸和卸尸的目的。根据履带式送尸车工作原理，又可分为单向履带式和双向履带式两种，其中单向履带式有轨送尸车，高度可升降自如，并可隐藏在炉下，且运行平稳可靠，适用于一般中档次的火化机。

双向履带式送尸车一般是安装在预备室内，并有豪华的预备门，当预备门关闭的时候，车间内见不到尸车，整个车间显得美观大方、肃穆。其中双向履带式有轨送尸车，可以用在多炉配一车的工作场合下。现在我国火化机厂生产的无轨无拖线双向送尸车，固定在炉前预备门内，无轨道，无拖线，一车一炉。其主要特点是技术先进、科技含量高、设计合理、运行可靠，并可带棺入炉，达到了进尸文明的要求，极大地改善了操作人员的劳动环境。图3-5为该车的外形结构。

图 3-5　双向送尸车

图 3-6　台车式送尸车

三维动画-履带式进尸车结构及传动

三维动画-拣灰车传动

三、台车式送尸车

台车式送尸车主要配备在拣灰式火化机上。该车上装载有火化机的炕面，主要以电动机为动力，驱动送尸的大车与小车之间产生相对运动，实现炕面的进炉与出炉。该种送尸车可实现由丧户家属拣灰，文明程度较高（图3-6）。

第二节　燃烧系统

火化机燃烧系统的作用，是为遗体焚化提供空间及焚化过程中的燃料供应与点火燃烧。火化机的燃烧系统一般由燃烧室、燃料供应系统和燃烧器构成。燃烧室主要为遗体及烟气处理提供空间，燃

课件-燃烧系统

料供应系统是为遗体焚化过程提供燃料，燃烧器是为遗体燃烧提供充足的热量。

一、燃烧室

火化机的燃烧室也就是火化机炉膛部分，主要是为遗体及随葬品等燃烧提供焚化空间。一般而言，火化机燃烧室包括主燃烧室和再燃烧室，其中再燃烧室可分为二次燃烧室和三次燃烧室，主燃烧室主要是遗体及随葬品燃烧空间，而二次燃烧室和三次燃烧室是烟气焚化的空间。图 3-7 为 YQ6000 型火化机燃烧室示意图。

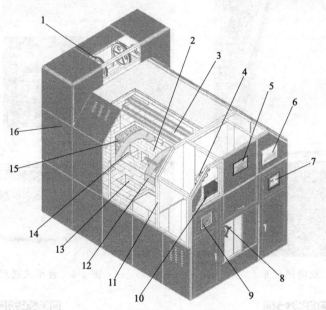

图 3-7　火化机燃烧室结构示意图

1—炉门起吊；2—主炉膛；3—再燃炉膛；4—主燃烧器；5—铭牌；6—监视屏；
7—电脑触摸屏；8—操作门；9—按钮控制板；10—点火燃烧器；11—角钢炉架；
12—主炉膛拱篷；13—回烟道；14—火口；15—拱顶助氧管；16—外装修

1. 燃烧室分类

根据燃烧室的数量不同，可分为单燃式、再燃式和多燃式三种。

（1）单燃式火化机

单燃式的火化机只有一个燃烧室，燃烧气体只经过一次燃烧后就通过烟道排到大气中。这种火化机对周围的环境污染比较严重，已逐步被淘汰。

（2）再燃式火化机

再燃式火化机具有主燃烧室和再燃烧室两个炉膛，主燃烧室的燃烧对象是遗体及其随葬品，再燃烧室的燃烧对象是烟气，是主燃烧室中未被充分燃烧的气体。由于增加了一个燃烧室，使烟气在炉膛中的滞留时间延长了，为焚化物的充分燃烧提供了条件，大大地减少了污染物的产生。目前再燃式结构广泛被平板式火化机采用。

（3）多燃式火化机

多燃式火化机有两个以上的燃烧室，即主燃烧室、再燃烧室和三燃烧室。主燃烧室的燃烧对象是遗体和随葬品，再燃烧室和三燃烧室的燃烧对象都是烟气中的未燃物质。与再燃式火化机相比，它多增加了一个燃烧室，理论上多了一次燃烧，应该使烟气中的未燃物质燃烧得更充分、更完全。但由于燃烧室的增加，必然要增加燃烧器和燃料，所以有时不但不能减少污染，反而可能产生新的污染源，同时，燃烧室的增多也增大了排气的阻力，必须要加大引风机的功率，这样就造成设备的庞大，提高了设备的成本。目前多燃式结构主要被应用于台车式火化机。

根据燃烧室的布置方式不同，火化机可分为下落式和上叠式两种。

（1）下落式燃烧室

即主燃烧室在上，再燃烧室在下，一般架条式火化机和平板式火化机多采用这种结构。其结构示意图如图 3-8 所示。

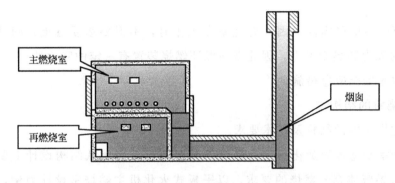

图 3-8 下落式火化机燃烧室结构示意图

（2）上叠式燃烧室

即主燃烧室在下，再燃烧室在上，一般拣灰式火化机多采用这种结构。其结构示意图如图 3-9 所示。

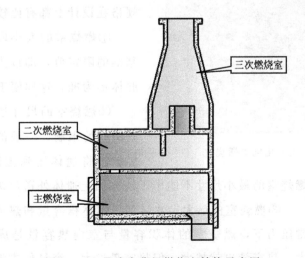

图 3-9 上叠式火化机燃烧室结构示意图

2. 燃烧室的技术要求

由于遗体焚化是一个特殊过程，而且会产生许多有害物质，因此在火化机正常工作中，炉膛必须保持相对密封性、保温性、坚固性和安全性。

①要有较好的保温性能　由于焚化系统结构主要是由砌体及相关机构组成，炉温时高时低，所以砌体会出现热胀冷缩的情况。因此一般要求在停炉 24h 后，燃烧室内的温度不低于 300℃，只有这样，砌体才不会出现骤热骤冷现象，减少对耐火材料造成的损坏，进一步延长燃烧装置的使用寿命，以降低维修成本，节约能源。

②要保证相对密封性　由于存在于燃烧室内的物质主要是烟气，一定要保证烟气沿着设定的通道正常流动，同时通过密闭造成燃烧室内外压力差，使燃烧室内的烟气不易逸出而污染环境。炉门、观测孔、出灰口、各风阀、油阀（气阀）等为主要密封部件。

③要有一定的坚固性　因为燃烧室在工作时，不但要承受自重，同时还要承受内部气体的涨力和热变形力，因此必须保证燃烧装置有一定的坚固性。

④必须有安全应急措施。

3. 燃烧室的结构

（1）主燃烧室的结构及技术要求

主燃烧室是遗体等焚化物进行燃烧的主要地方，因此从结构设计上要尽量考虑焚化物和可燃气体充分燃烧的要求。以平板式火化机主燃烧室设计为例，主燃烧室的形状一般为长方形，顶部旋拱，其结构如图 3-10 所示，主要由砌体、炉门、燃烧器、风孔、排烟孔和测量温度的热电偶或其他热敏元件安装孔所构成。

图 3-10　平板式火化机主燃烧室

三维动画-平板炉
炉膛结构

由于主燃烧室是焚化物和燃料燃烧的场所，所以对主燃烧室的容量及尺寸规格在设计上都有比较严格的要求。

①燃烧室的大小取决于遗体的最大基准的限定值，即以人的最高个头和最胖体形为准，这样便于焚化各种遗体。

②燃烧室的尺寸还要受送尸车等装置结构的限制。一般的送尸装置是直接经炉门将遗体送到主燃烧室内，因此，燃烧室的最小尺寸不能小于遗体加上遗体外送尸机构部分的尺寸。

③燃烧室的最大尺寸受到气体体积容量和热容量的限制。在正常压力下，燃烧室的体积容量与室内热容量是成正比的，体积越大，热容量也就越大。但热容量过大，容易使主燃烧室内的热容量出现超负荷的现象，可能造成对设备、设施的破坏或对砌体的烧

损，甚至会出现爆炸。所以燃烧室内的热负荷量是进行燃烧室设计的最重要的参数。经过长期实践，我们得出热负荷量在 5×10^5 cal（2090kJ）左右比较适宜。

综上所述，再燃式火化机的主燃烧室长度一般为 2.2m 左右，宽度为 0.75m 左右，高度为 0.7m 左右，容积为 $1.1 \sim 1.45 m^3$。

主燃烧室的炕面结构是主燃烧室内支承遗体的载面。其结构应有利于取骨灰并且不混灰，同时能较好地克服燃烧死角，即不须翻动遗体也能使火焰接触整个遗体表面。平板炕面上应有 2 根以上的突筋，以便架空遗体。

风孔和排烟孔是主燃烧室供氧和烟气通向再燃烧室的通道。风孔一般均匀地分布在主燃烧室两侧，紧贴炕面分别设 6～8 个，主要是用加热风压的方法，把风氧打入遗体背面紧贴炕面部分的燃烧死角，进行强制燃烧。排烟孔的位置应设在燃烧器火焰的末端，其形状结构，一要有利于烟气完全进入再燃烧室内燃烧，二要尽可能减少排烟的阻力，三要保证结构的强度。

主燃烧室除以上所述的结构外，还有用于测量温度的热电偶或其他热敏元件的安装孔，其位置的选择应能真实地反映主燃烧室的平均温度为适合，其大小取决于热敏元件的直径及形状。压力及其他所需的敏感元件的安装孔，应根据火化机的电控需要而设定。

三维动画-拣灰炉
炉膛结构

台车式火化机的主燃烧室结构如图 3-11 所示。台车式火化机主燃烧室的炕面是直接装载在台车上的，该炕面是可以活动的，可随着台车的往复运动，实现遗体进炉与骨灰出炉拣灰。

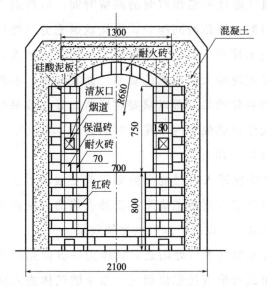
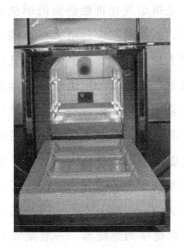

图 3-11　台车式火化机主燃烧室

炉门是主燃烧室必须具备的结构，一般要求启闭必须灵活，结构必须轻便，耐高温性能和保温性能良好等，其结构与运动方式如图 3-12 所示。

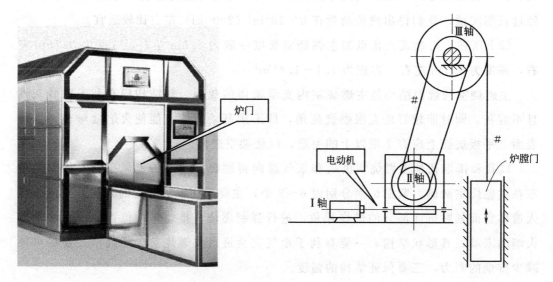

图 3-12　火化机炉门运动简图

（2）再燃烧室的结构及技术要求

再燃烧室是对从主燃烧室过来的烟气进行再次燃烧，以达到充分燃烧的目的。一般再燃烧室又可分为二次燃烧室和三次燃烧室。其结构形状一般采用长方形，也有采用圆筒形的。无论是采用什么形状，都必须首先考虑烟气的旋流和有助于未燃气体能充分燃烧的效果。

再燃烧室体积的大小，取决于烟气通过再燃烧室时的滞留时间。所谓烟气滞留时间，是指烟气在再燃烧室的燃烧时间。滞留时间越长，燃烧就越充分。要延长滞留时间，就必须相应地增大再燃烧室的体积。但是，体积越大热损失也越大，同时体积增大也增加了排气的阻力，又得相应增大引风机的功率。而实际中，未燃气体的燃烧效果绝大部分取决于燃烧器的雾化效果，所以只要燃烧器的雾化效果好，就能使燃烧始终处于最佳状态。因此气体在燃烧室内的滞留时间只要 $0.6 \sim 0.9s$ 就足够了，其体积也只相当于主燃烧室的 80% 即可。

再燃烧室的入口及出口结构必须能使进入再燃烧室的烟气改变运动形态，入口处要尽量减少气流的阻力，使之能完全进入到再燃烧室燃烧器火焰的火网范围，从而实现火焰、温度、空气迅速均匀地混合，以提高烟气的燃烧效果。

再燃烧室的燃烧器，一般是安装在烟气入口处附近，其作用一方面是向再燃烧室输送足够的热量，另一方面是利用其火焰直接燃烧烟气。当未燃气体进入到再燃烧室时，必须先通过燃烧器火焰形成的火网，并旋转着向前推进，使烟气的运动距离延长，以此来扩大火焰与烟气的接触面，从而达到最佳燃烧的目的。

再燃烧室的敏感元件，主要是监测温度的热敏元件和残氧测定元件，其安装孔的设置主要依据被测点和电控制系统的要求而定。火化机再燃烧室结构如图 3-13 所示。

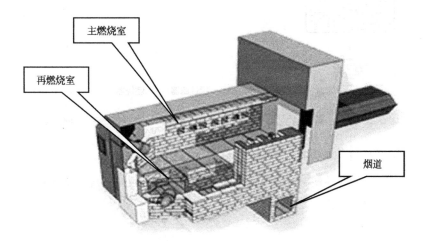

图 3-13　火化机再燃烧室图

二、燃料供应系统

课件-燃料系统

燃料供应系统一般分为固体燃料、液体燃料和气体燃料三种。固体燃料供应系统主要的燃料是煤等固体燃料，液体燃料供应系统主要的燃料是轻柴油，而气体燃料供应系统主要是以煤气或天然气作为燃料供应。每一种系统之间的区别都比较大，这里主要以殡仪馆常用的液体燃料供应系统为例，介绍其内部的结构及工作原理。

火化机的液体燃料供应系统主要是保证火化机在正常工作时所需的燃料供应，而且要随着遗体焚化过程的不同阶段而不断地调节供油量，以达到最佳燃烧效果，因此对燃料供应装置的流量、速度、压力以及调节都提出了较高的要求。

火化机对燃油式燃烧装置的技术要求如下：

①燃料供应管道畅通，压力、流量、速度符合要求；

②油路无泄漏，各种控制阀动作灵活，稳定有效；

③燃烧器调节灵活，燃烧效率高；

④点火要迅速、安全和稳定。

一般燃油式火化机的燃料供应系统由油罐、滤油器、管道、控制阀、油泵等几部分组成。根据其燃油的供应与油压产生的不同，液体燃料供应系统又可分为油泵供油与自然供油两种方式。

（1）油泵供油法

此种方法主要适用于油箱的位置无法放置在 2m 以上的高度，需采用油泵来加压供油的火化机（图 3-14）。

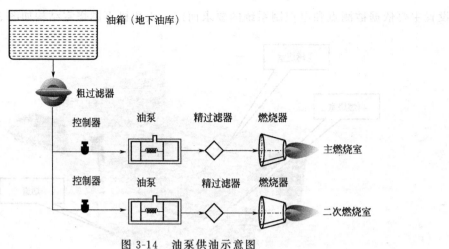

图 3-14　油泵供油示意图

（2）自然供油法

此种方法主要适用于火化机车间有固定 2m 以上（主要是指与主燃烧器的喷嘴之间的水平高度）的油箱位置，利用燃料本身的自重产生的压力来适应火化机燃料的供应（图 3-15）。

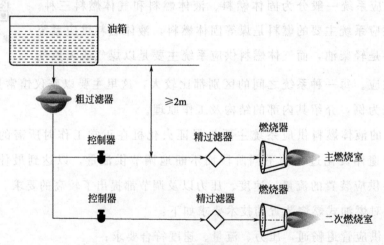

图 3-15　自然供油示意图

油箱是火化机储存燃料的装置，一般由专门的油库或单独的油箱构成。对于油泵供油方式的火化机，一般可采用油库统一供油方式；而自然供油方式的火化机需采用单独设置的油箱，且油箱必须悬挂在高于主燃烧器 2m 以上的地方，以便形成自然压力。

滤油器的功能主要是清除油液中的各种杂质，以保证燃油的清洁。对整个火化机而言，滤油器还能起到保障油路畅通和改善燃烧性能的双层作用。滤油器根据其滤除机械杂质颗粒的公称尺寸大小，可分为四种类型：粗滤油器（$D \geqslant 100\mu m$，其中 D 代表杂质的公称尺寸）、普通滤油器（$D = 10 \sim 100\mu m$）、精滤油器（$D = 5 \sim$

$10\mu m$）和特精滤油器（$D=1\sim 5\mu m$）。根据滤芯的材料和结构不同，滤油器又可分为网式、线隙式、烧结式、纸芯式滤油器和磁性滤油器等五种。表3-1为这几种滤芯的比较情况。火化机油罐出口处一般有纸芯式粗滤油器，在油泵入口前一般还应安装精滤油器，以保证燃油的清洁。

表 3-1　滤油器滤芯的功能

类型	过滤精度/μm	压力损失/MPa	特点
网式	$80\sim 180$	0.04	简单，易清洗
线隙式	$50\sim 100$	$0.03\sim 0.06$	简单，不易清洗
烧结式	$10\sim 100$	$0.03\sim 0.2$	强度高，性能好，清洗困难
纸芯式	$5\sim 30$		精度高，无法清洗，需常换芯
磁性			适于清洗铁屑等

油泵的功能是为喷油嘴提供合适的压力油，保证正常的燃烧。油泵比较多，如齿轮泵、柱塞泵、叶片泵等。火化机一般采用齿轮泵，该泵工作稳定，压力均匀，比较适合喷油嘴的工作要求。

喷油嘴是供油装置中最重要的器件，是将油泵输送过来的压力油进行雾化，以达到充分燃烧的目的，所以喷油嘴的质量高低直接关系到燃烧的结果。目前生产的喷油嘴主要有以下几种：油压式喷油嘴、回转式喷油嘴、高压气流式喷油嘴和低压空气式喷油嘴等。现在，许多高档火化设备都已使用了进口喷油嘴，喷油嘴雾化效果好，并能进行自动点火，自动控制燃料供量，自动调节燃料与助氧风的配比，是一种比较先进的喷油嘴。

控制阀是对燃油的流量进行控制。由于遗体在燃烧时各个阶段所需的燃油均不相同，这就要求控制阀能根据不同燃烧阶段对燃油的流量进行控制，以达到最佳的燃烧效果。根据这种要求，液体燃料供应装置中采用的控制阀大部分都是电磁阀，该阀可根据已编好的程序进行自动控制，以达到实时控制的目的。除了电磁阀外，控制阀还可使用球阀、滑阀、针阀等。

油管是为燃油提供通路的管道，一般采用钢管、铜管、橡胶管等组成。对油管的要求是管道畅通，无泄漏。

除此之外，燃烧装置还应包括管接头、各种连接固定元件和各种仪表等。

燃气式与燃油式燃料供应系统在结构上大同小异，燃气式火化机不需要对气体雾化，因此只要将供气管道通达气阀与控制阀就可直接连接燃气式燃烧器。

三、燃烧器

（1）燃烧器的主要作用

燃烧器是火化机燃烧系统的关键部件，其主要的作用是点燃燃料并维持正常的燃烧，保证在燃烧时有足够的温度。

（2）燃烧器的分类

燃烧器根据使用的燃料不同，可分为燃气式燃烧器、燃油式燃烧器和气体/燃油两用燃烧器三种。根据调节方式不同，又可分为快速调节式燃烧器和慢速调节式燃烧器。

（3）燃烧器的基本结构

由于目前殡仪馆或火葬场普遍采用的是燃油式火化机，因此本章重点介绍燃油式燃烧器的结构。燃油式燃烧器是一种全自动燃烧器，它在结构设计上主要分为三个部分：主供油回路，主要由进油管、油泵、控制阀、喷油嘴、回油管和回油加热器组成；高压点火回路，主要由高压点火变压器、点火电极和电眼组成；风门控制回路，由电机、风叶、风门执行器和风门组成。除此以外，还有保护网和机体等燃烧器辅助装置。以德国威索燃烧器为例，其结构如图3-16所示。从图中可以看出燃烧器的喷油嘴直径对燃料的雾化影响很大，直径越小，雾化效果越好，反之效果变差。

① 供油回路 进油管 → 油泵→电磁阀→喷嘴→雾化后的油雾→燃烧室
　　　　　　 回油管 油箱 ←

② 供风回路 室外空气 → 过滤网→鼓风机→风门→喷嘴→燃烧室

③ 点火回路 220V电压 → 控制开关→高压点火变压器→点火电极→电火花

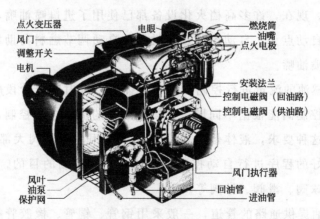

图 3-16　燃烧器结构示意图

三维动画-燃烧器的
结构及功能

（4）燃油式燃烧器的工作原理

如图3-16所示，当燃烧器开始工作时，燃烧器的点火变压器在控制电路的作用下得电，经升压后接通点火电极，点火电极在高压电的作用下，两极之间将产生电火花，与此同时，燃油在油泵的作用下从油罐经进油管道流入油泵，经过油泵加压后，由进油管流入电磁控制阀，电磁控制阀得电动作，供油回路接通，压力燃油从油嘴中喷出，与周围的空气雾化，在点火电极的电火花作用下，油雾被点燃并开始燃烧。通过适当

火化机技术

地调节风门执行器来控制助氧风的大小，从而达到控制燃烧的温度。如果在压力油达到控制阀时，点火电极之间没有产生电火花，此时，压力油就会通过电磁控制阀的回油回路，经过回油管到达回油加热器，最后流回油罐，从而避免因点火回路失灵，造成燃烧室内的油雾浓度过高，发生燃爆的问题。

在燃烧器正常工作时，可通过风门执行器来调节助氧风的流量。风门的执行器是一个机械执行装置，其内部结构主要由风门、风门转动装置以及一个固定搭配的拨叉机构组成，其结构如图 3-16 所示。当燃料开始燃烧时，通过调节风门执行器的拨叉盘，从而带动风门转动装置发生转动，转动装置的末端杠杆所连接的风门随之转动，由于风门的角度发生变化，进入燃烧筒内部的助氧风量随之增加，燃烧温度随之增加，从而达到控制燃烧器温度、提高燃烧效率的目的。实际火化机的燃油式燃烧器如图 3-17 所示。

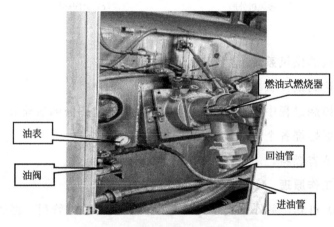

图 3-17　燃油式燃烧器结构示意图

燃气式燃烧器的工作原理，基本与燃油式燃烧器相似，只是在结构上电磁控制阀应改为燃气碟阀，通过控制燃气碟阀来相应控制燃气的供给量，以达到控制燃烧的目的。

第三节　供风系统

供风系统的主要作用是为遗体焚化过程中燃烧提供足够的助氧风，以便使燃烧处于最佳状态。

火化机的供风系统一般由鼓风机、风管、控制阀组成，其中风管又包括总风管、分风管和分风箱等几个部分，其结构如图 3-18 所示。火化机的供风回路主要分为两个部分：主供风回路和辅助供风回路。

课件-供风系统

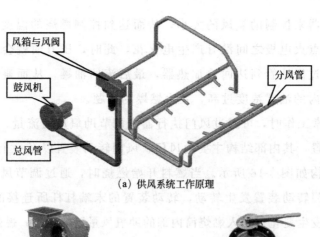

(a) 供风系统工作原理

(b) 鼓风机外形　　　　　　　(c) 风阀外形

图 3-18　供风系统原理图

一般对火化机的供风系统有如下技术要求：

①要使燃烧达到最佳状态；

②尽可能使燃烧过程中所产生的有毒有害物质得到充分的氧化和分解；

③能自动根据燃烧各个阶段调节氧气和燃料的配比量；

④能合理地节省燃料。

供风系统的工作原理

由图 3-18（a）可知，室外空气首先经过鼓风机吸入总风管后，再经过总风管分成两路。

第一路主供风回路，又分为三路，分别送到三个控制阀：第一路经控制阀、一次顶风管送到主燃烧室，以满足主燃烧室风氧的需求；第二路经控制阀、一次侧风管送到主燃烧室，该路侧风与顶风一起满足主燃烧室风氧的需要；第三路经控制阀、二次侧风管送到再燃烧室中，以完成再燃烧室燃烧的风氧需求。

第二路辅助供风回路，同样也可分为三路：第一路经控制阀后，送入主燃烧器中，协助主燃烧器进行油料的雾化，以满足燃烧的需要；第二路经控制阀后送入再燃烧器中，协助再燃烧器进行油料的雾化；第三路经控制阀后送入骨灰冷却器中，帮助骨灰迅速冷却。

供风系统由鼓风机、通风管道、风箱与风阀几个部分组成。

鼓风机是火化机供风装置的动力部分，通过它将火化机外的空气输送到炉膛内，确保遗体焚化对氧气的需要。火化机鼓风机功率一般为 7.5kW，风量大概为 12500～13000m³/h。

通风管道主要是为鼓风机吸入的空气顺利送入炉膛提供通路，一般通风管道采用镀锌钢管或不锈钢管焊接而成。

　　风阀，顾名思义，即风量调节阀。它是用来调节进入火化机炉膛的风量大小。一般而言，火化机采用的风阀以手动调节为主，但也有少数全自动火化机采用了电动碟阀，以便实现全自动化控制。图3-18（b）（c）为常用鼓风机与风阀实物图。

第四节　控制系统

　　随着现代科学技术水平的不断发展，火化设备也越来越趋向安全化、自动化、无害化和文明化，这不仅是环保的要求，更是殡仪改革的需要。由于火化设备逐步实现自动操作，这就要求进行火化设备操作的人员，掌握与火化设备电气元件操作相关的原理知识，才能保证较好地完成本职工作。本节主要从火化机电路图的基本构成、常用的电气元件以及火化设备基本电路的工作原理等三个部分对火化设备的控制电路进行介绍。

一、电路图的基本构成、分类

1. 电路图的基本构成

　　电路图一般包含电路、技术说明和标题栏三个部分。

　　（1）电路

　　电路是用导线将电源和负载，以及有关的控制元件连接起来，构成闭合回路，以实现电气设备的预定功能。

　　电路通常分为两部分：主电路和控制电路。主电路也叫一次回路，是电源向负载输送电能的电路，一般包括电源、变压器、开关、接触器、熔断器和负载等几部分。控制电路也叫二次回路，是对主电路进行控制、保护、监测和指示的电路，一般包括继电器、仪表、指示灯、控制开关等。通常主电路通过的电流较大，线径较粗；而控制电路中的电流较小，所以线径相应也小一些。

　　电路是电路图的主要构成部分。由于电气元件的外形和结构都不相同，所以必须采用国家统一规定的电气符号来表示电气元件的不同种类、规格以及安装方式等。电气符号主要包括图形符号、文字符号、回路符号三种。为了方便识图，国家出台了一系列电气设备图形和符号等相关标准，具体可查看《电气设备用图形符号国家标准汇编》。

　　（2）技术说明

　　电路图中的文字说明和元件明细表等，总称为电路图的技术说明。其中，在文字说明中注明电路的某种要点及安装要求等。文字说明通常标注在电路图的右上方，标题栏的下面。

　　（3）标题栏

　　电路图中的标题栏是画在图的右上角，其中注有工程名称、图名、图号，还有设计人、制图人、审核人和批准人等项目。标题栏是电路图的重要技术档案，栏目中的签名者对图中的技术内容应承担相应的责任。

2. 电路图的分类

电路图根据其作用不同，可分为三类。

（1）电气原理图

电气原理图是表示电气控制线路的工作原理，以及各电气元件的作用和相互关系，而不需考虑各电路元件实际安装的位置和实际连线的情况。图 3-19 为电动机三角形转星形的启动电气原理图。

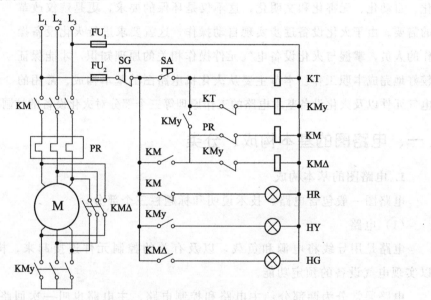

图 3-19 电动机三角形转星形启动电气原理图

（2）电气设备安装图

电气设备安装图是表示各种电气设备的实际安装位置和配线方式等，而不明确表示电路的原理和电气元件的控制关系。它是电气原理图具体实现的表现形式。

（3）电气设备接线图

电气设备接线图是表示各电气设备之间实际接线的情况。绘制接线图时应把各电气元件的各个部分（如触点与线圈）画在一起；文字符号、元件连接顺序、线路号码编制都必须与电气原理图一致。电气设备安装图和接线图是用于安装接线、检查维修和施工的。

3. 电路图的识图基本要求和步骤

（1）看图纸说明

一般图纸说明中包括了图纸的目录、技术要求、元件明细表等，识图时首先看图纸说明，搞清设计内容和施工要求，这些都有助于了解图纸的大体情况，以便及时抓住识图的重点。

（2）看电气原理图

看电气原理图时，首先要区分主电路和控制电路或直流电路。其次要按照先看主电路、再看控制电路的顺序进行读图。看主电路时，通常是从下往上看，即从电气设备开始，经过控制元件，顺序地看到电源部分。看控制电路时，则是自上而下、从左往右看，即先看电源，再顺序看各回路，分析各回路元件的工作情况以及对主电路的控制关系。

（3）看电气安装接线图

看电气安装接线图时，也要先看主电路，再看控制电路。看主电路时，要从电源引入端开始，顺序经过控制元件和线路到用电设备；看控制电路时，要从电源的一端看到电源的另一端，按元件的顺序对每个回路进行分析研究。安装接线图是根据电气原理图进行绘制的，对照电气原理图是有帮助的。

（4）看电气展开图

结合电气原理图看展开接线图比较方便，对照动作回路的说明，从上到下进行读图。要注意的是，动作元件的接点常常是接在其他的回路中，不像电气原理图那样直观，因此，在看图时不能丢失接点，否则，元件的动作情况就不会全面。

以上是识读电路图的一些基本要求和步骤，但这些并不是不变的，在看图时，要根据图纸的具体情况，采用最为适宜的看图的方法，以达到高效、准确、全面的要求。

二、常用的电气元件

从前面所学的知识可知，电气控制电路均是由若干个电气元件按照一定的要求进行组合而成的，所以，有必要对火化设备中常用的一些电气元件的性能、参数以及正确的选用进行学习，以便在工作中能正确地使用和维修这些电气元件。

火化设备中常用的电气元件有电动机、熔断器、继电器、按钮、行程开关、断路器、压力控制仪、温度控制仪、电压表、电流表、热电偶，以及压力变压器、电磁阀等。下面将分别进行介绍。

1. 电动机

电动机是火化设备中必不可少的电器，在火化机中常用的是三相异步电动机。

三相异步电动机分为定子与转子两部分。当定子中三相绕组通过三相电流时，就会产生一个旋转的磁场，这个旋转的磁场使转子的绕组切割磁力线而产生转动，从而带动负载进行转动，把电能转化为机械能。

三相异步电动机的图形符号可查国家标准。

（1）电动机容量的选择

电动机的额定功率是选择电动机的主要条件，其功率必须根据被拖动的生产机械所需的功率而定。对于直流电动机，其额定功率为负载功率的 1.1～2.0 倍；对于采用带传动的电动机，其额定功率为负载功率的 1.05～1.15 倍。

如果已知拖动的负载功率，可按下列公式估算电动机的功率：

$$P_E = \frac{P_1}{n_1 \times n_2}(\text{kW}) \tag{3-1}$$

式中　P_E——电动机的额定功率，kW；

　　　P_1——生产机械轴上的功率，kW；

　　　n_1——生产机械的效率，一般为 0.6～0.7；

　　　n_2——传动效率，一般为 0.6～0.7。

如果已知电动机轴上的负载转矩，则可用下面的公式进行计算：

$$P_E = \frac{T_E \times N}{9550}(\text{kW}) \tag{3-2}$$

式中　T_E——电动机轴上负载转矩，N·m；

　　　N——电动机额定的转速，r/min。

（2）电动机的连接

三相异步电动机的定子绕组可按电源的不同和电动机铭牌的要求，接成星形（Y）或三角形（△）两种形式。如图 3-20 所示。

a. 星形连接　将 3 个绕组的末端连接在一起，首端分别接三相电源。

b. 三角形连接　将 3 个绕组的首末两端分别相连，再由三个连接点引出三条电源线接三相电源。

（a）三相电动机外形

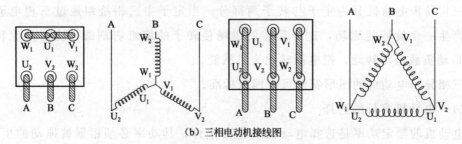

（b）三相电动机接线图

图 3-20 三相电动机

2. 熔断器

熔断器是低压电路及电动机控制电路中用于过载和短路保护的电器。它一般是串联在电路中，以保护线路或电气设备免受短路电流的损坏。常见的熔断器如图3-21所示。

（a）插式熔断器　　　　　　　　　　（b）螺旋式熔断器

图 3-21　熔断器

熔断器主要由熔体和安装熔体的熔管组成。熔体是熔断器的主要部件，当通过熔体的电流小于或等于其额定电流，熔体不会熔断，只有其通过的电流超过其额定电流时，熔体才会熔断。

选择熔断器，主要是要选择熔断器的种类、额定电压、熔断器的额定电流等级和熔体的额定电流。

额定电压是根据所保护电路的电压来选择的。熔体电流的选择是熔断器选择的核心。

对于一般没有冲击电流的负载，如照明线路，应使其熔体的额定电流等于或稍大于线路工作电流 I，即

$$I_R \geqslant I$$

式中　I_R——熔体的额定电流；

　　　I——工作电流。

对于一台异步电动机，其熔体可按下列关系选择：

$$I_R = (1.5 \sim 2.5)I_{CD}$$

式中　I_{CD}——电动机的额定电流。

对于多台电动机由一个熔断器保护，熔体按下列关系选择：

$$I_R \geqslant \frac{I_M}{2.5} \tag{3-3}$$

式中　I_M——可能出现的最大电流。

如果几台电动机不同时启动，则 I_M 为容量最大的一台电动机的启动电流加上其他台电动机的额定电流。

例如，两台电动机不同时启动，一台电动机额定电流为 14.6A，另一台为 4.64A，启动电流为额定电流的 7 倍，则熔断体电流为：

$$I_R \geqslant (14.6 \times 7 + 4.64)/2.5 = 42.7A$$

可选择用 RL1-60 型熔断器，配用 50A 的熔体。

熔断器的种类很多，有插入式、填料封闭管式、螺旋式以及快速熔断器等。在火化设备中常用 RL 系列（螺旋式），其技术数据如表 3-2 所示。

表 3-2　火化设备中常用 RL 系列熔断器参数

型号	熔管额定电压/V	熔管额定电流/A	熔体额定电流等级/A	最大分断能力/kA
RL1-15	交流 500、300、220	15	2、4、6、10、15	2
RL1-60	交流 500、300、220	60	20、30、40、50	3.5
RL1-100	交流 500、300、220	100	60、80、100	20
RL1-200	交流 500、300、220	200	100、125、150	50
RL2-25	交流 500、300、220	25	2、4、6、15、20	1
RL2-60	交流 500、300、220	60	25、35、50、60	2
RL2-100	交流 500、300、220	100	80、100	3.5

3．接触器

接触器用于带有负载主电路的自动接通或切断，分交流接触器和直流接触器两种。火化设备中应用最多的是交流接触器。

接触器的动作原理都是利用电磁吸力，在结构上两者都是由电磁系统、触头系统和灭弧位置等部分组成的，它们各有特殊的地方。在生产机械电气设备的自动控制中，交流接触器应用很广泛。下面主要介绍交流接触器。

图 3-22 是 KCJ-20 型交流接触器的工作原理示意图。当电磁系统的铁芯线圈通

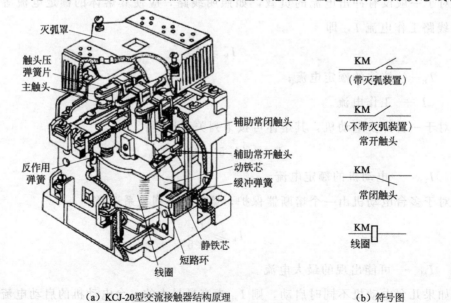

（a）KCJ-20型交流接触器结构原理　　　　（b）符号图

图 3-22　交流接触器结构原理图

入交流电时，线圈产生磁场，铁芯磁化成电磁铁将衔铁（动铁芯）吸合；动触点随衔铁的吸合与静触点闭合而接通电路；当线圈断电或外加线圈电压降低太多时，在弹簧的作用下，衔铁释放，动触点断开。

我国常用的交流接触器有CJ₀、CJ₁₀、3TB等系列，如图3-23所示。它们的铁芯都为"山"形。为了减小涡流损失，动、静铁芯都由硅钢片叠成。此外，为了防止铁芯在吸合时产生震动和噪声，在铁芯的端部都装有短路环。

（a）LEC-0910交流接触器　　　　（b）CJ₀-20交流接触器

图3-23　交流接触器实物图

4. 按钮、低压开关的选用

（1）按钮

按钮通常是用来短时接通或断开小电流控制电路的开关。目前按钮在结构上是多种形式的：旋钮式——用手扭动旋转进行操作；指示灯式——按钮内装入信号灯以显示信号；紧急式——装有蘑菇形钮帽，以表示紧急操作。

火化设备中常用的按钮为LA系列，其形状见图3-24。

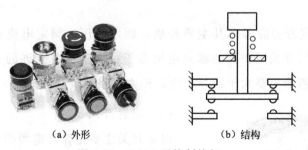

（a）外形　　　　　　　（b）结构

图3-24　LA19型控制按钮

（2）刀开关

刀开关的主要作用是接通和切断长期工作设备的电源。

一般火化机中刀开关的额定电压不超过500V，额定电流由10A到几百安。不带熔断器的刀开关的主要型号有HD型和HS型，带熔断器的刀开关有HR3系列。

刀开关主要根据电源的种类、电压等级、电动机容量、所需极数，以及使用场合来选择，其结构如图 3-25 所示。

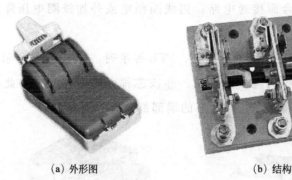

（a）外形图　　　　　（b）结构

图 3-25　三相刀开关

（3）自动空气开关

自动空气开关又称自动空气断路器。它的主要作用是接通或分断主电路，并有欠压和过载保护作用，其结构与工作原理如图 3-26 所示。

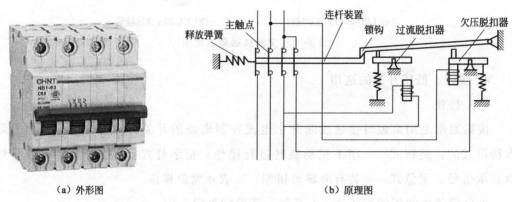

（a）外形图　　　　　　　　　　　　（b）原理图

图 3-26　空气开关

选择自动空气开关需考虑其主要参数：额定电压、额定电流和允许切断的极限电流等。自动空气开关脱扣器的额定电流等于或大于负载允许的长期平均电流；自动开关的极限分断能力要大于或等于电路最大短路电流。

（4）组合开关

组合开关主要是作为电源引入开关，所以也称电源隔离开关。它也可以启停 5kW 以下的异步电动机。组合开关的图形符号如图 3-27 所示。组合开关主要是根据电源种类、电压等级、所需触点数及电动机容量进行选用。火化机常用的组合开关为 HZ-10 系列，其额定电流有 10A、25A、60A和 100A 四种，适用于交流 380V 以下、直流

图 3-27　组合开关

220V 以下的电气设备。

5. 继电器

继电器是根据一定的信号（如电压、电流、时间、速度等）接通或分断小电流电路和电器的控制元件。继电器一般不直接控制主电路，而是通过接触器或其他电器来对主电路进行控制，因此，同接触器相比较，继电器的触头断流容量较小。继电器的种类很多，按照它在自动控制系统中的作用，可分为控制继电器和保护继电器两大类。控制继电器主要包括中间继电器、时间继电器和速度继电器等。保护继电器主要包括热继电器、电压继电器和电流继电器等。

（1）中间继电器

中间继电器主要在电路中起信号传递与转换作用，用它可实现多路控制，并可将小功率的控制信号转换为大容量的触点动作，以驱动电气元件工作。中间继电器触点多，可以扩充其他电气控制作用。图 3-28 为中间继电器的结构原理图。

图 3-28　中间继电器

选用中间继电器，主要是依据控制电器的电压等级，同时还要考虑触点的数量、种类及容量是否满足控制线路的要求。

（2）时间继电器

时间继电器是火化设备中常用的电气元件之一，它是控制线路中的延时元件，按其工作原理可分为三种。

①空气阻尼式时间继电器　空气阻尼式时间继电器是利用空气阻尼延时的原理制成的。它的特点是延时范围较宽，可达 0.4～18s，工作可靠，是火化设备中常用的时间继电器。图 3-29 为空气阻尼式时间继电器的结构原理图。

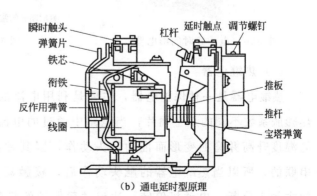

（a）外形　　　　　　　　　　　（b）通电延时型原理

瞬时触头　弹簧片　铁芯　衔铁　反作用弹簧　线圈　杠杆　延时触点　调节螺钉　推板　推杆　宝塔弹簧

图 3-29　JS7-A 型空气阻尼式时间继电器

第三章　火化机结构

时间延时继电器一般有通电延时继电器和断电延时继电器两种类型。图 3-29 是通电延时继电器的结构原理。从图中可以看出，当线圈通电时，衔铁向上吸合，拉杆在原来被压缩的弹簧作用下开始向上移动，但与拉杆相连的橡皮膜在向上运动时受到空气的阻尼作用，所以拉杆向上做缓慢运动，与拉杆相联系的杠杆运动也是缓慢的，经过一定时间后，拉杆运动到最上端，杠杆将微动开关 XK_2 压动，使常闭触点断开，常开触点闭合。这两对触点都是在时间继电器通电后，经过一定时间的延时后才动作的，所以，分别称为延时断开和延时闭合触点。延时的长短，可以调节螺钉改变进气口的大小来实现。而微动开关 XK_1 是在衔铁吸合后立即动作，所以微动开关的触点称为瞬时动作触点。

②电子式时间继电器　电子式时间继电器是通过电子线路控制电容器充放电的原理制成的。它的特点是体积小，延时范围可达 0.1~300s，其实物如图 3-30 所示。

③电动式时间继电器　它是利用同步电动机的原理制成的。它的特点是体积较大，结构复杂，但延时时间长，可调范围宽，可从几秒到数十分钟，最长可达数小时。

选择时间继电器，主要考虑控制回路所需要的延时方式（通电延时或断电延时）以及瞬时触点的数目，根据不同的使用条件选择不同类型的电器。

时间继电器根据其工作原理可分为通电延时接通、通电延时断开、断电延时接通、断电延时断开四种类型，其符号如图 3-31 所示。

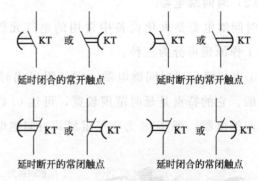

延时闭合的常开触点　　延时断开的常开触点

延时断开的常闭触点　　延时闭合的常闭触点

图 3-30　电子式时间继电器　　　图 3-31　时间继电器四种符号

（3）热继电器

热继电器是一种保护电器，主要是利用电流的效应使触头动作。它是利用两块热膨胀系数不同的双金属片，当电路中通过的电流大于其额定电流时，会使金属片的温度升高并弯曲变形而推动触头动作，因其常闭触头是与接触器的吸引线圈相串联的，所以当热继电器的触头动作后，接触器的线圈将断电，从而将主电路中的主触头分断，电动机停转，达到过载保护的目的。图 3-32 为热继电器的结构原理图。

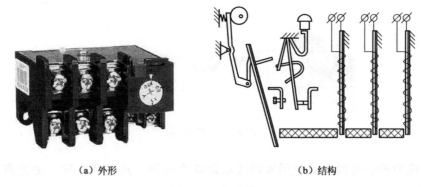

(a) 外形　　　　　　　　　　(b) 结构

图 3-32　热电器

选择热继电器，主要考虑其额定电流、热元件的整定电流以及控制回路的工作类型等。

6. 行程开关

行程开关又称为限位开关或终点开关。它是根据生产机械的行程（位置）而自动切换电路，实现行程控制、限位控制或程序控制。有触点的行程开关是利用生产机械的某些运动部件的碰撞而动作。当运动部件撞及行程开关时，其触点改变状态，从而自动接通或断开电路。有触点行程开关分直线运动式和旋转式两类。图 3-33 为行程开关的外形和结构示意图。

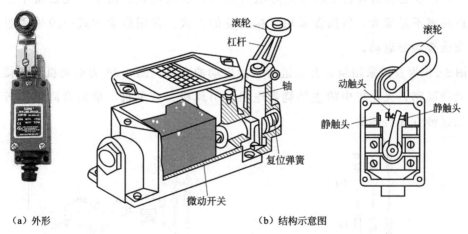

（a）外形　　　　　　　　　　（b）结构示意图

图 3-33　行程开关

当控制电路工作时，闭合电源开关，按 QA 电动机转动，开始工作。当机身运动部位的撞块撞到行程开关 XK 时，其常闭触点断开，电动机自动停转。如需重新工作时，再次按下启动按钮 QA，电机又重新运转起来。

7. 热电偶

热电偶的作用是测量炉膛内温度的变化，并将其变化转变为电信号，以达到实时控制的目的。热电偶的实物如图 3-34 所示。

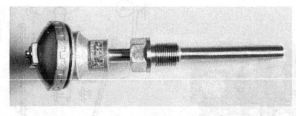

图 3-34　热电偶

火化机中的热电偶主要采用镍铬式或镍硅式两种，共装有 2 只，主燃烧室 1 只，再燃烧室 1 只。

三、火化机常用电路的工作原理

根据火化设备中电气电路的特点，本节从三个部分对火化机的电气电路原理进行介绍。第一部分主要介绍基本电路的原理，包括电动机的启动电路、电动机的正反转控制电路、点动和联锁控制电路以及行程控制、延时控制电路等；第二部分主要是对典型火化设备电气控制线路进行分析；第三部分介绍火化设备中 PLC 控制电路和烟气监控电路的一些基本原理。

1. 电动机启动控制电路

三相异步电动机有直接启动和降压启动两种启动模式。由于火化设备中常用电动机的功率不是很大，所以多采用直接启动的方式。常用启动方式一般采用组合开关或交流接触器启动。

图 3-35 为直接采用组合开关进行直接启动的电路。图 3-36 为电动机采用接触器直接启动线路，火化机中的主燃烧器电机、引风机、鼓风机、烟闸升降电机等，均是采用这种方式启动的。

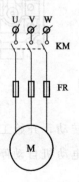

图 3-35　刀开关直接启动电路

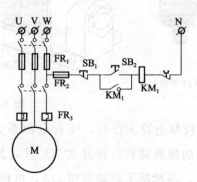

图 3-36　用接触器直接启动电路

控制线路中的接触器辅助触点 KM 是自锁触点。其作用是，当放开启动按钮 SB_2 后，仍可保证 KM 线圈通电，电动机运行。通常将这种用接触器本身的触点来使其线圈保持通电的环节，称为自锁。

2. 电动机的正、反转控制电路

在火化机中，烟闸要经常根据燃烧时炉膛内压力的需要进行升降运动，这就要求带动烟闸的电动机能实现正、反转控制。在电工学中我们知道，只要把电动机的定子三相绕组任意两相对调一下再接入电源中，电动机定子相序即可改变，从而就能使电动机改变转向。

如果用两个接触器 KM_1 和 KM_2 来完成电动机定子绕组相序的改变，那么正转与反转启动电路就可以结合起来成为电动机正、反转的控制电路。如图 3-37 所示。

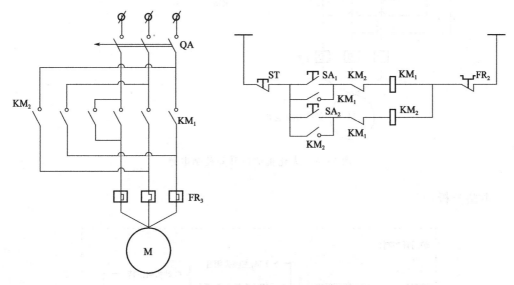

图 3-37　异步电动机正反转控制电路

电路分析：

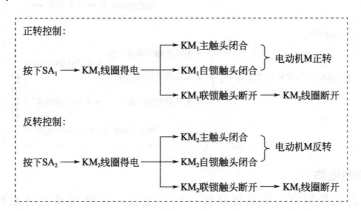

3. 行程控制电路

行程控制电路是利用行程开关对电路进行控制的电路。如火化机中炉门、烟闸、尸车的各种动作，都必须相应地控制在一定的范围内，这些范围控制都是由行程开关来完成的。行程开关的图形符号如图 3-38 所示。

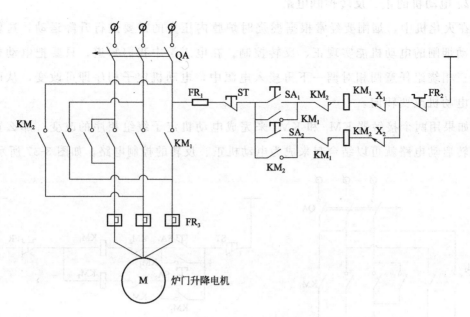

图 3-38　火化机炉门升降控制电路

电路分析：

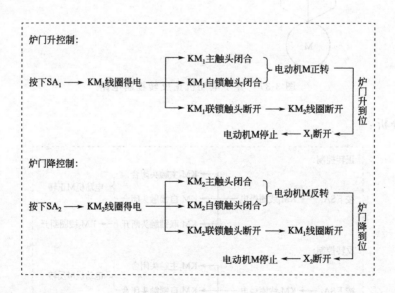

4. 时间控制电路

在火化机自动控制中，常常会遇到一些要延长一定时间或定时地接通和分断控制电路的情况。如尸车在进入预备室后，要等到炉门全部开启，方可进入炉膛内，当尸车完全退出炉膛，炉门才能开始关闭；燃烧器工作过程中，供风、点火和供油等电路启动需要延时控制。在延时控制电路中，主要是由时间继电器来达到延时效果的。

电路分析：

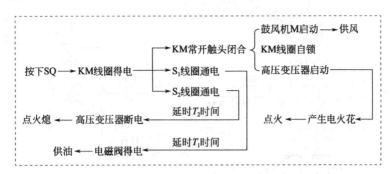

图 3-39 为火化机中燃烧器的点火控制电路。图中 S_1、S_2 是两个空气阻尼式时间继电器，其延时时间大约为 5s。当按钮 QA 接通后，KM 线圈通电，其主触头闭合，主燃烧电动机启动，开始工作，其并联在 QA 上的常开触头闭合，形成自锁，其串联在主燃烧器变压器上的常开触头也闭合，此时变压器通电后，开始点火，同时，并联在 KM 上的 S_1 和 S_2 的两个绕组通电并开始工作。当延时 5s 后，S_2 动作，其状态由常开变为接通，此时，电磁阀的线圈通电，其阀芯运动，燃料经喷油嘴雾化后喷入炉膛内，经变压器点火后，开始燃烧。接着 S_2 动作，其状态由常闭变为断开，变压器断电并停止打火，主燃烧器的点火工作结束。

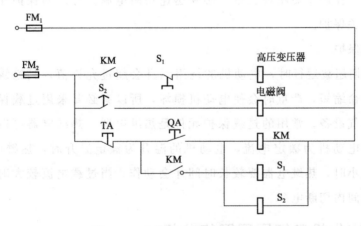

图 3-39　火化机中燃烧器控制电路

5. 保护电路

火化设备电气控制系统除了满足燃烧时要求外，要想长期地正常无故障运行，还必须有各种保护电路。保护环节是所有电气控制系统中必不可少的组成部分，利用它来保护电动机、电气控制设备以及人身的安全等，都是十分必要的。

电气控制系统中常用的保护环节有过载保护、短路保护、零电压和欠压保护，以及弱磁保护等。在火化机控制系统中，主要用到的是过载保护和短路保护，下面将对这两种保护形式进行简单的介绍。参阅图 3-40。

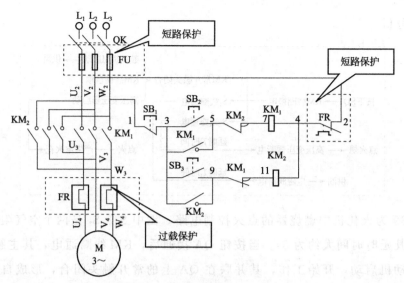

图 3-40 火化机保护电路

（1）短路保护

电动机绕组的绝缘、导线的绝缘因温度过高而损坏或线路发生故障时，都会造成电路短路现象，由短路造成的短路电流很大，会直接造成电气设备的损坏和人员的伤亡，因此，在产生短路现象后，必须迅速切断电源。常用的保护元件有熔断器或自动空气开关保护。

（2）过载保护

电动机长期超载运行时，电动机的绕组温升会超过允许值，其绝缘材料就可能变脆，使其寿命缩短，严重时会使电动机损坏，所以有必要采用过载保护元件来保护电动机等电气设备。常用的过载保护元件是热继电器。热继电器可以满足电路的以下要求：当电动机为额定电流，电动机的温升为额定温升时，热继电器不动作；当过载电流很小时，热继电器要较长时间才会动作；当过载电流较大时，热继电器会在较短的时间内切断电源。

四、典型火化机电气原理图的分析

课件-典型控制系统

由于国内的殡仪馆建馆时间不同，所以各馆的火化设备的档次各有不同。在这里以江西南方环保机械制造总公司生产的火化设备为例，分析火化设备的电气原理图（图 3-41），以供参考，具体火化机电气控制原理图以相关公司提供的资料为准。

YQ 系列的火化机控制电路主要由两部分组成：

第一部分为前厅控制，包括尸车、炉门、预备门等控制；

第二部分为后厅控制，包括烟闸、引风机、鼓风机、油泵、电磁阀以及对炉温和炉膛压力进行测量和控制的电路。

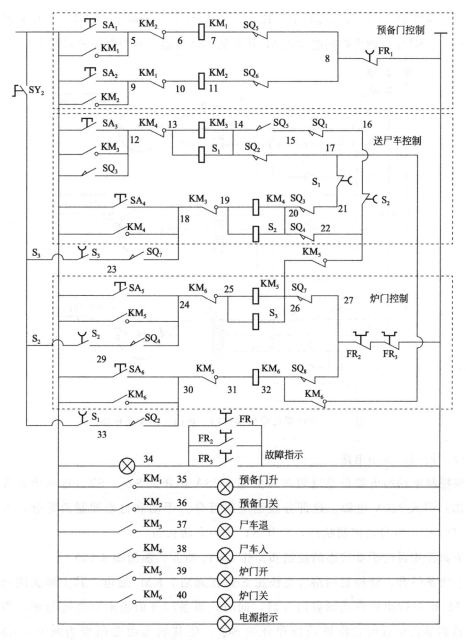

图 3-41　YQ 型火化机预备门、炉门、尸车控制电路

下面就这两部分电路进行介绍和分析。

1. 前厅控制（预备门、炉门、尸车控制电路）

该部分电路主要包括两部分：主电路和控制电路。

（1）主电路

该主电路由三台电动机组成，M_1 为预备门开关的电动机，M_2 为控制尸车进退的电动机，M_3 为控制炉门升降的电动机。三相电源通过组合开关 K 将电源引入，FR_1、FR_2、FR_3 分别为 M_1、M_2、M_3 电动机的过载保护热继电器。KM_1、KM_2 分别

为控制电动机 M_1 正反转的接触器，KM_3、KM_4 分别为控制电动机 M_2 正反转的接触器，KM_5、KM_6 分别为控制电动机 M_3 正反转的接触器。其控制原理如图 3-42 所示。

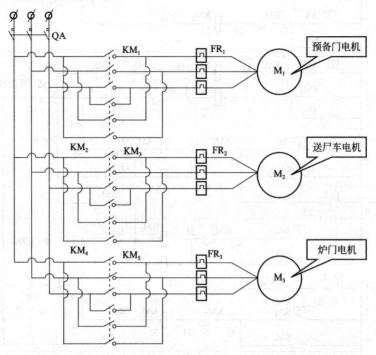

图 3-42　YQ 型火化机预备门、炉门、尸车主电路

（2）控制、显示电路

该控制电路的电源是通过短路保护器 FUSA 和开关 SY_1、ST（这两个元件图中未给出）引入 220V 电源。这部分控制电路可分为手动和自动控制两部分，当合上按钮 SY_2 后，为自动控制状态，断开 SY_2，为手动状态。

下面首先讨论手动状态的控制和操作（SY_2 断开，参阅图 3-41）。

①预备门升、降控制回路　当按钮 SA_1 接通后，KM_1 通电，其主触头闭合，电动机 M_1 得电转动并带动预备门开启，同时，预备门开的指示灯也亮起来，当预备门开启到最高位置时，将推动行程开关 SQ_5，使其状态由常闭变为断开，KM_1 断电，电动机 M_1 停止转动，显示灯也随之熄灭，预备门开启动作结束。

当按钮 SA_2 接通时，KM_2 线圈通电，其主触头闭合，电动机 M_1 得电，此时因其相序发生改变，所以转动方向也随之改变，预备门开始下降，预备门关显示灯亮起来，行程开关 SQ_5 复位，当预备门运动到最低位置时，将推动行程开关 SQ_6 动作，使其状态由常闭变为断开，KM_2 断电，电动机 M_1 停止转动，显示灯熄灭，预备门关闭动作结束。

在这个控制电路部分，其"自锁"和"互锁"是分别通过 KM_1 和 KM_2 的辅助触头的动作来实现的。

电路分析：

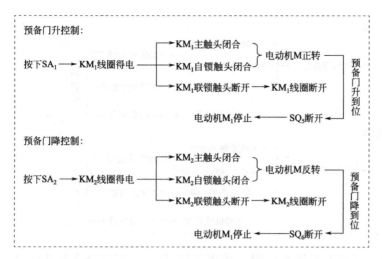

三维动画-预备门的
开关

②送尸车控制回路　火化机的送尸车控制电路可分为两大部分：第一部分，尸车出预备室接尸和尸车接尸后进入预备室；第二部分，尸车入炉膛和尸车出炉膛。

第一部分尸车出预备室接尸和尸车接尸后进预备室电路。

按下 SA_3 后，KM_3 线圈得电，并通过其常开辅助触头形成自锁，其常开主触头闭合，电机 M_2 反转，尸车退出预备门外进行接尸动作。当尸车退到预备门外的极限位置时，将推动行程开关 SQ_1 动作，由闭合转为断开，尸车停止动作，完成退车接尸的动作。

当按下按钮 SA_4 时，线圈 KM_4 得电，其常开主触头闭合，电机 M_2 正转，尸车退回预备门内。当尸车退回到预备门内到位时，将推动行程开关 SQ_4 动作，由闭合变为断开，线圈 KM_4 断电，尸车停止动作，完成遗体进入预备门的动作。

以上电路均要求行程开关 SQ_7 要闭合（炉门关到位），否则电路无法接通。

电路分析：

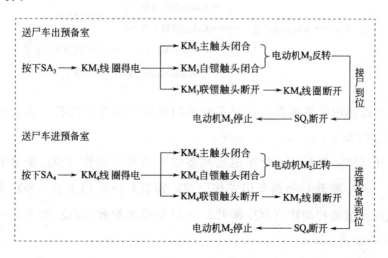

第二部分尸车入炉膛和尸车出炉膛电路。

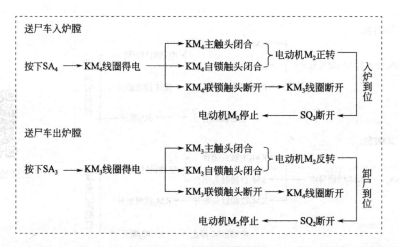

③炉门控制回路 当按下按钮 SA_5 时，线圈 KM_5 得电，其常开主触头闭合，电机 M_3 正转，炉门开始上升，当其上升至最高位置时，将推动行程开关 SQ_7 动作，使其由常闭变为断开，线圈 KM_5 断电，炉门停止上升，完成上升动作。

当按下按钮 SA_6 时，线圈 KM_6 得电，其常开主触头闭合，电机 M_3 反转，炉门开始下降，当其下降至最低位置时，将推动行程开关 SQ_8 动作，使其由常闭变为断开，线圈 KM_6 断电，炉门停止下降，完成下降动作。

电路分析：

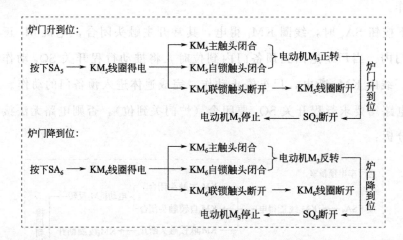

以上几个控制回路是预备门、尸车和炉门单独控制下的操作。火化机这部分手动控制总的过程如下：

预备门开（SQ_5 断开）→尸车退出预备室完成接尸动作（SQ_1 断开）→尸车退回预备室内（SQ_4 断开）→预备门关闭（SQ_6 断开）→炉门上升（SQ_7 断开）→尸车进入炉膛内完成进尸动作（SQ_3 断开）→尸车退出炉膛（SQ_2 断开）→炉门关闭（SQ_8 断开）→点火。

火化机技术

当按钮 SY_2 闭合时，火化机将进入自动控制状态，但火化机的自动控制并不能将以上 8 个过程全部自动化，因为在实际操作过程中，预备门开、尸车出预备室接尸、尸车进预备室和预备门关的时间无法确定，因此，常是将后 4 个过程进行自动化控制，即炉门开、尸车入炉膛、尸车出炉膛和炉门关。

下面对以上这 4 个过程的自动化控制过程进行电路分析。

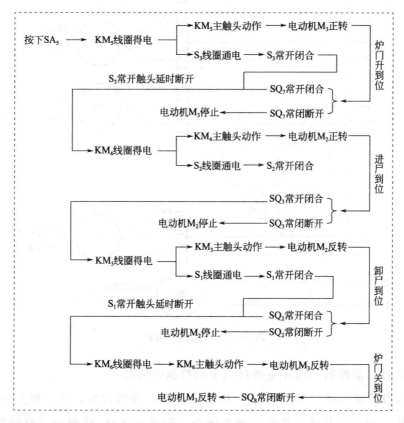

2. 后厅控制（烟闸、引风机、鼓风机、油泵等控制）电路

（1）主电路

YQ 型火化机的烟闸、引风机、油泵等主电路如图 3-43 所示，三相电源通过组合开关 K 引入，M_1 为引风电动机，M_2 为鼓风电动机，M_3 为烟闸升降电动机，M_4 为主燃烧器油泵电动机，M_5 为再燃烧器油泵电动机。KM_7、KM_8、KM_{11}、KM_{12} 为分别控制电动机 M_1、M_2、M_4、M_5 的接触器，KM_9、KM_{10} 分别为控制 M_3 的正反转接触器。FR_4、FR_5、FR_6、FR_7 分别是各电动机的过载保护热继电器。在主电路中，再燃烧器的油泵电机是单独用 220V 进行供电。

（2）控制、显示电路

该电路见图 3-44。这部分电路又分为手工控制和自动控制两种状态。

当 SA 的手柄打到手动控制时，K_7 线圈通电，其主触头闭合，此时实现点动操作。当 SA 手柄打到自动控制时，K_8、K_9 线圈通电，主触头闭合，此时的控制主要

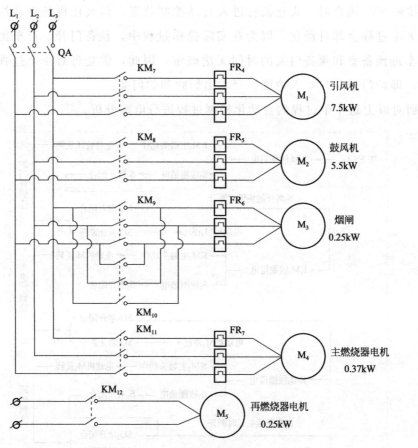

图 3-43　火化机主电路

由计算机进行自动控制。现在主要讨论手动控制的情况。

①引风机控制电路　当按钮 QA_7 接通后，KM_7 线圈得电，其主触头闭合，引风机开始工作，产生引射风。其常开触头闭合，形成与 KM_7 线圈的"自锁"。TA_7 为停止按钮。

电路分析：

②鼓风机控制电路　当按钮 QA_8 接通后，KM_8 线圈得电，其主触头闭合，鼓风机开始工作，将烟尘从烟道中排出，其常开触头与其线圈形成"自锁"。电路中 TA_8 为停止按钮。

电路分析：

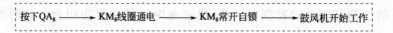

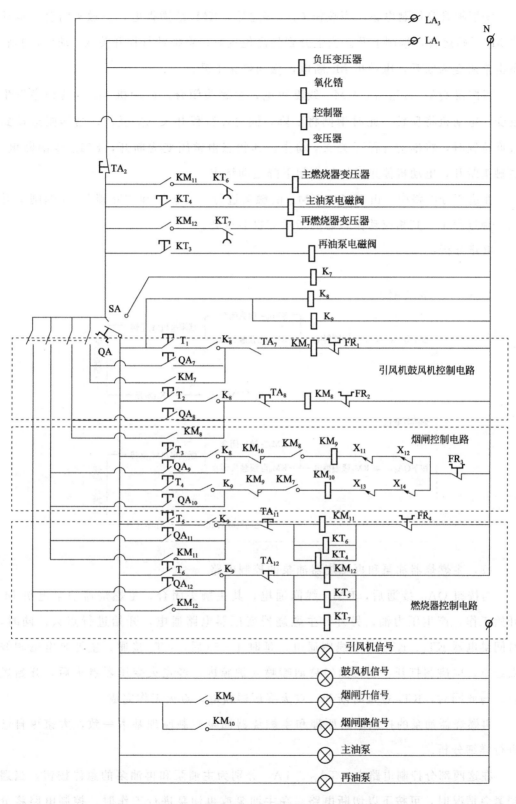

图 3-44 YQ 型火化机的烟闸、引风机、油泵等控制电路

③烟闸升降控制电路　当按钮 QA_9 接通后，KM_9 线圈得电，主触头闭合，电动机 M_3 开始运转，烟闸上升。当上升到最高位置时，将推动行程开关 X_{11} 动作，其状态由常闭变为断开，电动机 M_3 断电，烟闸停止上升。

当按钮 QA_{10} 接通后，KM_{10} 线圈得电，主触头闭合，电动机 M_3 因其相序发生改变，电动机将反转，此时烟闸将下降，同时，行程开关 X_{11} 复位。当烟闸运动到最低位置时，将推动行程开关 X_{12} 动作，其状态由常闭变为断开，KM_{10} 线圈断电，主触头断开，电动机停止运转，烟闸下降运动结束。

在这部分电路中，由 KM_9、KM_{10} 的触头进行"自锁"和"互锁"。在烟闸上升或下降过程中，其相应动作状态的指示灯也会点亮。

电路分析：

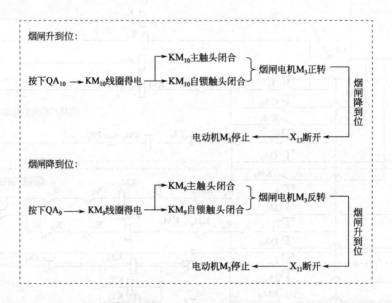

（3）主燃烧器油泵和再燃烧器油泵的控制电路

当按钮 QA_{11} 接通后，KM_{11} 线圈通电，其主触头闭合，主燃烧器油泵电机 M_4 开始工作，产生压力油。另外，主燃烧器变压器电路通电，开始进行点火。同时，时间继电器 KT_4、KT_6 两个线圈通电，延时 $4\sim5s$ 后，KT_4 接通。主油泵电磁阀线圈通电，电磁阀打开，压力油经喷油嘴喷入炉膛内，经点火变压器点火后，开始燃烧。与此同时，KT_6 也延时断开，点火变压器断电，点火工作完成。

再燃烧器油泵的控制电路原理和主燃烧器油泵控制原理基本一致，大家可自己进行详细分析。

在这两部分控制电路中，TA_{11}、TA_{12} 分别为主油泵和再油泵的急停按钮，当遇到紧急情况时，可按下以切断电路。在主油泵或再油泵进行工作时，控制电路将分别点亮其相应动作的指示灯，以表明其电路状态。

其电路分析如下。

①主燃烧器点火控制电路

电路分析：

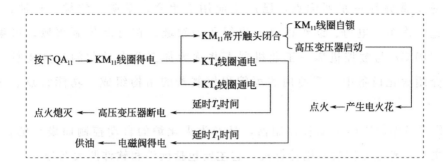

②再燃烧器点火控制电路

电路分析：

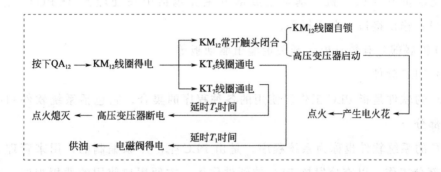

除以上几部分外，此控制电路还包括了负压变送器、氧化锆探测器以及控制器和变压器电路，这些电路结构比较简单，这里不再做分析。

以上几部分的控制电路是用手动进行控制的（手柄打到手动状态）。当将手柄打到自动控制时，此控制电路就可实现计算机程序自动控制。下面简单分析自动控制的情况。

当手柄 SA 由手动转到自动时，中间继电器 K_8、K_9 线圈分别得电，其主触头也由常开变为闭合，随后，再由控制器给出控制信号，分别控制 T_1、T_2、T_3、T_4、T_5、T_6 的接通或断开，从而达到控制各个回路的目的，其他电路工作状态不变。从以上电路分析可知，由于采用了计算机进行控制，从而大大地减轻了操作人员的劳动强度，减少了操作的失误。

五、PLC 控制电路

火化设备中使用的电脑自动控制器，实际上就是工业上使用的可编程序控制器（Programmable Controller，简称 PLC），它是近一二十年发展起来的一种新型工业用控制装置。它可以取代传统的继电器控制系统实现逻辑控制、顺序控制、定时、计数等各种功能，大型高档的 PLC 还能像微型计算机那样进行数字运算、数据处理、模拟量调节以及联网通信等。它还具有通用性强、可靠性高、指令系统简单、编程简便、易于掌握等一系列优点，已广泛应用于冶金、采矿、建材、石油、化工、机械制造、汽车、电力、纺织以及火化行业等领域。在自动控制领域，可编程序控制器（PLC）与数控机床、工业机器人并称为加工业自动化的三大支柱。本节将简单介绍火化设备中广泛使用的可编程控制器的结构组成、功能特点、工作原理等。

火化设备中使用的可编程控制器，是专为火化炉的自动控制而设计的控制器，实质上也是一种工业控制专用计算机。它主要包括硬件和软件两大部分。

（1）PLC 硬件

PLC 的硬件主要包括基本组成部分、I/O 扩展部分和外部设备三大部分。

火化设备中的 PLC 机，基本组成部分主要包括中央处理器（CPU）、存储器、输入接口、输出接口、电源板等。

I/O 扩展部分有数显板、开关量输出驱动板等。

（2）PLC 软件

PLC 的软件是指 PLC 工作所使用的各种程序的集合。它包括系统软件和应用软件两大部分。

PLC 的系统软件也称为系统程序，是由 PLC 生产厂家编制的，用来管理、协调 PLC 各部分工作，以充分发挥 PLC 的硬件作用，方便用户使用的通用程序。通常软件是被固化在 ROM 中，与机器的其他硬件一起提供给用户的。一般系统程序包括以下功能：系统配置登记及初始化、系统自诊断、命令识别及处理、用户程序编译以及模块化子程序和调用管理等。

PLC 的应用软件也称为应用程序，是用户根据系统控制的需要，用 PLC 的程序语言编写的。在火化设备中使用的 PLC 的应用程序，主要是通过汇编语言进行编写的，其特点是便于快速测量和实时控制数据，并可随时根据运行的经验，对设定的技术参数进行更改。

（3）火化设备中使用的可编程控制器的工作原理

火化设备的可编程控制器主要是对火化炉在工作时的各种参数进行处理，并产生相应控制的指令，从而实现对焚化的各个阶段进行自动控制的目的。图 3-45 是其 PLC 控制的基本过程。

（4）火化设备可编程控制器的操作步骤

①先合上控制器和主回路电源，按下"引风机开/关"，启动引风机。

②按下"烟闸"按钮，再按上升键，使炉膛内的负压大于-80Pa。

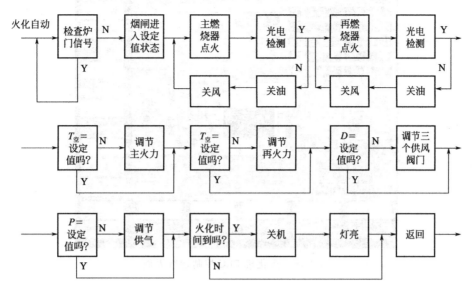

图 3-45　PLC 控制的基本过程

③进遗体后，根据遗体的胖、瘦选择合适的程序，在送尸车控制箱上按下"程序 1"为普通遗体、"程序 2"为胖遗体、"程序 3"为小孩遗体，待炉门关闭后再按下"鼓风机开/关"键，启动鼓风机。

④遗体在高温下自燃约 8min 后，按下"主炉 1 点火"键，主燃烧室被点燃。

⑤进行自动控制。先按下"手/自"键，再按下"自动火化"键，整个系统将进入自动运行阶段。待预定的火化时间结束，系统将关闭鼓风机，自动退出自动火化状态，进行手动火化状态。若遗体仍未火化结束，按下"鼓风机开/关"键，启动鼓风机再进行火化；若遗体已火化完毕，按下"主炉 1 点火"键，关闭主燃烧室喷油。

⑥扒灰后，再按下"烟闸"键，然后再按下上升键，使炉膛内的负压再次下降到－80Pa，最后按下"完成"键，整个焚化过程完成。

⑦补充说明

a. 系统在自动火化过程中，万一出现紧急情况，可按下"手/自"键一次，系统将退到手动操作状态。

b. 遗体全部火化完毕后，准备停机时，应先按"鼓风机开/关"键，关闭鼓风机，然后再按下"引风机开/关"键或"关机"键，关闭整个系统，最后按下"烟闸"键和下降键，使炉膛的负压小于－20Pa，实现炉膛保温，然后关闭控制器主回路电路。

实际火化机的 PLC 运行界面如图 3-46 所示。

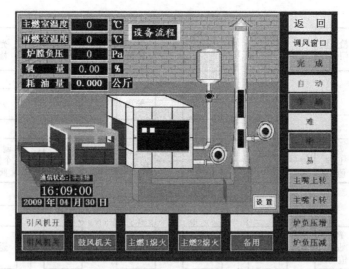

主燃室温度	0	℃
再燃室温度	0	℃
炉膛负压	0	Pa
氧 量	0.00	%
耗油量	0.000	公斤

设备流程

返 回
调风窗口
完 成
自 动
手 动
难
中
易
主嘴上转
主嘴下转

通信状态：未连接
16:09:00
2009 年 04 月 30 日
设置

引风机开
排风机关 鼓风机关 主燃1熄火 主燃2熄火 备用
炉负压增
炉负压减

图 3-46　火化机 PLC 控制运行界面

第五节　排放系统

课件-排放系统

　　火化机的排放系统主要由烟气后处理系统、排烟系统和烟气监控组成。烟气后处理系统的作用，是处理遗体焚化时产生的烟气中污染物质，一般由换热装置、除尘装置和除臭装置几个部分组成。排烟系统是将燃料燃烧、焚化物燃烧所产生的各种气体排入大气中去的装置，主要由排烟机构、烟道、引射装置和烟囱组成。烟气监控系统是对火化机排放烟气的形态、颜色等进行监控，帮助火化师实时监控火化机工作情况，便于后续操作。

　　火化机的输出部分组成结构如图 3-47 所示。

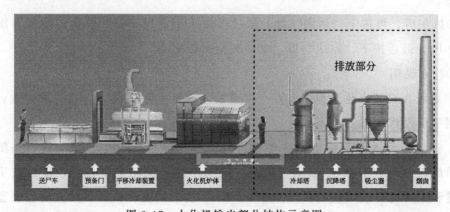

排放部分

送尸车　预备门　平移冷却装置　火化机炉体　　　冷却塔　沉降塔　吸尘器　烟囱

图 3-47　火化机输出部分结构示意图

一、排烟系统

　　排烟系统是指将燃料、遗体和随葬品燃烧产生的各种气体排入到大气中去的配套装置。它主要是利用气体从一点流到另一点时所形成的气压差而产生的抽力将烟气排出炉外的。火化机的排烟装置主要由烟道、烟闸、烟囱等几部分组成。

1. 烟道

烟道是连接燃烧器与排烟系统的通道，主要是为烟气的排放提供通路。由于烟道是烟气从燃烧器流向排烟系统的主要通道，所以在设计安装时要注意以下几个技术要求。

①尽可能地保持烟道畅通，特别不能有直角弯道，这样有利于减少烟气流动时的阻力，能够使烟气流动畅通。

②烟道的结构要求有利于烟气的无焰燃烧。所谓无焰燃烧是指烟气通过主燃烧室和再燃烧室的充分燃烧、分解、氧化后，残余的污染物质在高温下继续在烟道中进行燃烧、分解、氧化，由于这种燃烧是看不见火焰的，所以又称为无焰燃烧。

③烟道的结构和体积必须有利于弥补主燃烧室和再燃烧室烟气滞留时间不足的问题。燃烧是否充分与烟气的滞留时间是紧密相关的，烟气在燃烧室内滞留的时间越长，燃烧就越充分。在设计火化机时，为了减小体积和节约能源，火化机的主燃烧室和再燃烧室的体积不可能过大，从而无法使烟气在燃烧中有过多的滞留时间，这一滞留时间不足的问题就由烟道进行弥补。

④烟道内必须保持干燥，不能出现积水的现象。如果烟道内出现了潮湿或积水，烟气就不可能实现无焰燃烧；同时，烟气中残余的污染物还对金属有较强的腐蚀作用，直接会损坏排烟系统的金属构件，造成排烟系统的损坏，严重地影响火化机的整体技术性能。所以，这种现象要尽量避免产生。

⑤燃烧室与烟道的连接处，必须要有清灰井。因为烟道在长期工作后，会在内部产生积灰的现象，如果不及时进行清理，就有可能加大气流流动的阻力，严重的可能会导致烟道的阻塞，所以，要通过清灰井对烟道进行经常的清理，以防止此种现象产生。

根据以上几个方面的技术要求，一般将烟道设计为半圆拱型，如图 3-48 所示，其横截面积 S 可用以下公式进行计算：

$$S = \frac{W_{烟}}{3600 \times V_{烟}} (\mathrm{m}^2)$$

式中　$V_{烟}$——排烟量，m^3/h；

　　　$W_{烟}$——烟气在烟道中的流速，$\mathrm{m/s}$。

2. 烟闸

火化机烟闸主要用于控制烟道内的烟气流量，从而实现对火化机炉膛负压的调节。烟闸一般安装在火化机烟道内，通过电动或手动的烟闸升降装置，实现对烟气流量的控制，其结构与工作原理图如图 3-49 所示。

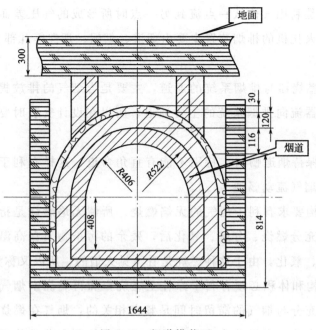

图 3-48　烟道横截面

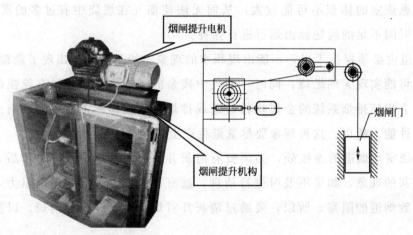

图 3-49　烟闸结构与工作原理图

三维动画-烟囱的
工作原理

3. 烟囱

　　烟囱是烟气排放系统中最后一个环节。根据排烟的阻力不同，排烟的形式一般可分自然排烟和机械排烟两种。自然排烟是通过气压差来进行排烟的，主要用于排烟阻力小于 $50\sim60\text{mmHg}$[1] 的场合，采用的烟囱形式主要是以高烟囱为主。机械排烟是通过强制抽力来进行排烟的，主要用于排烟阻力大于 60mmHg 的场合。根据动力部件的不同，机械排烟又可分为鼓风机排烟和引风机排烟系统两种，采用的烟囱形式多为低烟囱或隐藏式烟囱。

---

[1]　$1\text{mmHg}=133.28\text{Pa}$。

（1）高烟囱

高烟囱主要是利用气压差和温度差的原理来进行自然排烟。其结构多采用砖或钢筋混凝土砌成圆形或方筒形，其形状如图 3-50 所示。

图 3-50　高烟囱

高烟囱之所以能排烟，是因为烟囱的高度形成气压差，烟气温度高于大气温度，烟囱下部温度高于上部，从而在烟囱的底部产生负压。由于炉膛内的烟气压力要比烟囱底部所产生的负压大，因而炉膛内热的烟气会自然地由炉膛经烟道流到烟囱的底部，再经烟囱排到大气中。烟囱底部所产生的这种负压实际是烟囱的抽力，这个抽力的大小主要是由烟囱的高度、烟气的温度所决定的，烟囱越高，烟气温度越高，则在烟囱底部所形成的负压就越大，烟囱对炉膛内烟气的抽力也就越大。但烟囱并不是越高越好，太高会造成施工困难和对周围居民心理造成阴影，所以一般烟囱的高度要选择适中。

微课-高烟囱
工作原理

烟囱的高度主要是依据烟气在烟道内流动的总阻力，由烟囱顶部出口动压力和克服烟囱本身的摩擦阻力损失等因素所决定的，其计算公式如下：

$$H = \frac{(W_2/2) \times P_{烟} + 1.2 P_{失}}{P_{空} - P_{烟} - \varPsi/D_{均} \times W_{均}/2 \times P_{烟}}$$

式中　H——烟囱的计算高度，m；

　　　$P_{空}$——烟囱所在地最高气温下的大气密度，kg/m^3；

　　　$P_{烟}$——平均温度下的烟气密度；

　　　$P_{失}$——烟道的总阻力损失，Pa；

　　　$D_{均}$——烟囱的平均直径，m；

　　　W_2——在实际烟气温度下烟气出烟囱口的速度，m/s；

　　　$W_{均}$——平均温度下烟囱内烟气的平均流速，m/s，可按 $W_{均} = V \times T/F_{均}$ 计算；

　　　$\varPsi$——烟囱内壁对烟气的摩擦阻力系数。

由于高烟囱是利用海拔气压差原理和内外烟气温度差原理进行工作的，所以不需要外界的能源，只需一次性投资，可以节省能源，并且使用寿命也比较长；同时一座高烟囱可以为全火化车间所有的火化机排风，大大地节省了设备的成本，因此这种高烟囱在低档火化设备中使用较为普遍。但由于殡仪馆的焚化物是人的遗体，因此造成人们对殡仪馆高烟囱中所排放的烟气十分反感，所以殡葬行业要逐步取消高烟囱的使用，多采用低烟囱，最好是采用隐蔽式低烟囱。

（2）文丘里引射装置的低烟囱

采用引风机和引射装置进行排烟，就是利用强大的机械排风方法，由引风机产生机械抽力，从而达到排烟的目的。由于其产生的抽力的大小与引风机的功率大小成正比，因此采用引射装置进行排烟的多少与烟囱的实际高度无关，从而可以实现低烟囱排烟，以克服高烟囱的不足。

文丘里式引射排烟装置（图3-51）是目前比较先进的火化设备中常用的一种引射排烟装置。其主要原理是利用气体的黏性特点，在钢质低烟囱内设置高压引射风管，由引风机产生的高压风经引射风管排出口排出时，其高压风能迅速地把周围的烟气带入大气中，从而达到排烟的目的。这种排烟装置有如下几个优点：

①可以极大地稀释烟气中污染物质的浓度；

②通过控制引射风量的大小达到控制燃烧室压力的目的；

③其耗电量要小得多；

④极大地延长了引风机的使用寿命。

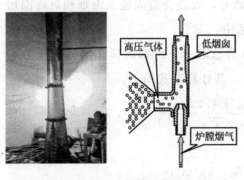

图3-51　文丘里式引射排烟装置的低烟囱

采用这种引射排烟装置要注意：不能让高温烟气从引风机中直接通过，而应利用引风机的强大风力，通过引射装置产生强大的喷射力，从而对烟气产生足够的抽力，使遗体焚化过程中产生的烟气顺利地排入大气中去。如果让高温的烟气从引风机中通过，会对引风机产生热损坏和腐蚀损坏，从而导致引风机提前报废，造成设备的浪费。

钢结构的低烟囱可以裸露在室外，也可做成隐蔽烟囱，既可安装在车间外，也可以安装在预备室内，同时还可根据需要，利用其产生的余热进行取暖、烧水和制冷等，因此，低烟囱结构被殡仪馆广泛采用。

微课-低烟囱
工作原理

二、烟气后处理系统

烟气后处理系统也称尾气处理系统或烟气净化系统，是用来处理火化机烟气中污染物质的装置。殡仪馆火化炉尾气净化处理系统，是集除酸、杀菌、除尘等为一体的净化处理系统，采用先进的技术处理工艺，使火化炉尾气排放完全达到国家标准。

烟气后处理系统主要完成烟气的冷却、脱酸和除尘，一般由换热器、脱硫装置、活性炭喷入装置、布袋除尘装置等部分组成。由于

课件-烟气后
处理系统

火化机技术

在除尘器前的烟气管道中加入活性炭，用于加强对二噁英和汞等重金属去除的目的。

从图 3-52 可以看出，从燃烧室出来的高温烟气经过换热器降温后进入脱硫装置，经过脱硫装置净化后的烟气进入除尘器，经活性炭过滤，实现脱硫、除尘和去除二噁英和汞等重金属后，通过引风机从低烟囱排入大气。

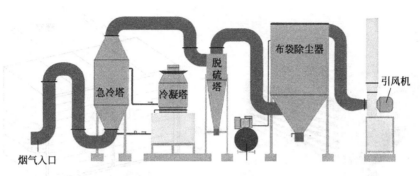

图 3-52　烟气净化装置结构示意图

1. 换热器

换热器的主要作用是给烟气降温。由于火化炉在遗体焚化过程中排出的烟气温度高达 700～900℃，如此高温的烟气如果直接进入电除尘器中，会使除尘器内的阴极和阳极板在高温下发生变形，从而直接影响除尘的效果和除尘器的寿命。因此一般除尘器的工作

三维动画-烟气后处理

温度不能超过 250℃，必须先将进入除尘器的高温烟气由换热器进行降温到 250℃以下，才能通过除尘器。从除尘器出来的烟气温度仍有 200℃以上，这种烟气中的粉尘和炭黑已被基本净化，但除尘器不能消除烟气中的恶臭和异味，必须由除臭器进行除臭和除异味，而除臭器只能消除 80℃以下的烟气中的恶臭和异味。如果烟气温度高于 80℃，不但不能除臭，还会将以前吸附的恶臭和异味释放出来，所以，烟气在进入除臭器之前，还要再一次通过换热器进行第二次降温，将通过除臭器中的烟气温度降到 80℃以下才行。

换热器的种类很多，一般火化设备中常用的换热器是热管换热器和列管换热器。

（1）热管换热器

热管换热器是一种新型、超导、高效、节能的换热设备。热管换热器的工作原理：通过密闭真空的金属管内的工质（热管内的工作液体），受热"气化"，受冷"液化"，气液互换传导热量。当高温烟气通过热管换热器下箱体时，热管吸收热量，管内工质沸腾变为气相，气相的工质比较轻，上升进入热管上部，遇到管外的冷气体，冷却管壁，气相工质又迅速冷却，并沿着热管壁流到下部，流到下部后又接触高温烟气，瞬间又变成气相。这样反复进行，就可不断地将下箱体中的热量传到上箱体，从而达到给烟气迅速降温的目的。

热管换热器是靠管内的工质气、液转化进行换热的，其热导传率是铜管的几十倍乃至几千倍。所以，热管有"超导"传热元件之称，同时被热管加热的热空气没有受到任何污染，可利用其进行供暖或制冷，被加热的水可作为生活用水使用。图 3-53 为热管换热器的结构和工作原理示意图。

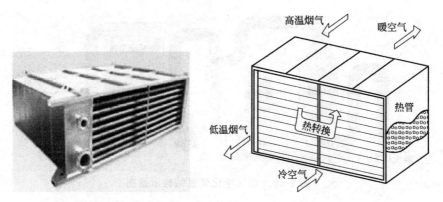

图 3-53　热管换热器结构和工作原理示意图

表 3-3 为一般热管换热器的性能参数。

表 3-3　热管换热器的性能参数

参数名称	工作压力	进口温度/℃	出口温度/℃	设计流量/m³	换热面积/m²
烟气	微负压	800	200	4300	127
水	需压	20	40	10（t/h）	1.89
空气	需压	20	200	11000	350

（2）水冷式列管换热器

水冷式列管换热器主要由箱体、封盖和芯子组成。芯子由一组焊接在柜体上的换热管和折流板、旁路挡板、拉板、定距板组成。在水冷式列管换热器中，一般是冷却水在管内流动，烟气在管间流动。管内流动的水可以设计为单程，也可设计为双程或多程曲折前进，从而完成热交换，达到降低烟气温度目的，以满足除尘、除臭装置对烟气温度的要求。一般常见水冷式列管换热器结构如图 3-54 所示。

图 3-54　水冷式换热器工作原理示意图

2. 除尘器

由于火化机在工作过程中所产生的高温烟气中含有大量的烟尘，如果让这些烟尘排入大气中，就会造成对周围环境的污染，因此，在烟气排出烟囱前，有必要采用除尘装置对烟气进行有效除尘，以达到净化烟气的目的。现在除尘的方法很多，有机械式除尘法、湿法除尘法、过滤除尘法和静电除尘法等。其中，机械除尘法可分为重力沉降除尘器、惯性除尘器和旋风除尘器三种；过滤除尘法有布袋除尘器、颗粒除尘器等。

（1）静电除尘器

静电除尘器有板式和原式两种。原式静电除尘器是建立在一个高压电场净化烟气，使烟、气分流，装置采用管式阴极和鱼骨式阳极，并带有负电的辅助电极。输入高压电流后，烟气受电场作用在鱼骨针状阳极附近发生电离，电离后烟气中存在着大量的电子和正负离子，这些电子和离子与粉尘微粒结合，使粉尘微粒带上正、负性电荷，在电场的作用下，带负电荷的粉尘微粒趋集在辅助电极周围，并且带正电荷和带负电荷的粉尘微粒相互集积，变成直径较大的尘粒下沉，附着在极板上，当尘粒聚积到一定厚度以后，通过振打装置的振打作用，粉尘受惯性作用从沉淀极表面脱离下来落入灰斗中，通过排出装置排入到容器中，收尘过程即告结束。这个过程在遗体焚化过程中是反复进行的，而且每个过程都是在瞬时完成。其结构特征如图 3-55 所示。

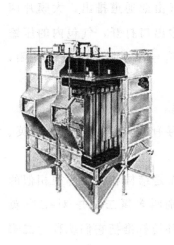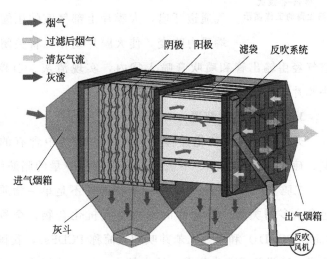

图 3-55　静电除尘器结构示意图

（2）布袋除尘器

布袋除尘器也是目前火化机设备尾气处理装置使用最多一种除尘器，其结构如图 3-56 所示。当火化机的烟气由灰斗上部进风口进入后，在挡风板的作用下，气流向上流动，流速降低，部分大颗粒粉尘由于惯性力的作用被分离出来落入灰斗。烟气进入中箱体经滤袋过滤净化，粉尘被阻留在滤袋的外表面，净化后的气体经滤袋口进入上箱体，由出风口排出。

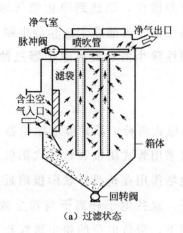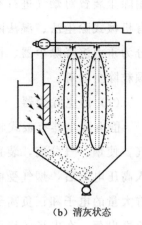

（a）过滤状态　　　　　　（b）清灰状态

图 3-56　布袋式除尘器的结构及工作原理图

微课-布袋式
除尘器的工作演示

随着滤袋表面粉尘不断增加，除尘器进出口压差也随之上升。当除尘器阻力达到设定值时，控制系统发出清灰指令，清灰系统开始工作。首先电磁阀接到信号后立即开启，使小膜片上部气室的压缩空气被排放，由于小膜片两端受力的改变，使被小膜片关闭的排气通道开启，大膜片上部气室的压缩空气由此通道排出，大膜片两端受力改变，使大膜片动作，将关闭的输出口打开，气包内的压缩空气经由输出管和喷吹管喷入袋内，实现清灰。当控制信号停止后，电磁阀关闭，小膜片、大膜片相继复位，喷吹停止。

3. 活性炭吸附装置

火化机在遗体焚化过程中，产生的烟气中含有的有毒有害气体主要有二噁英、氨、硫化氢、甲硫醇、甲硫醚、三甲胺和少量的脂肪酚类。

二噁英实际上是一个简称，它指的并不是单一物质，而是结构和性质都很相似的包含众多同类物或异构体的两大类有机化合物，全称分别叫多氯二苯并-对-二噁英（简称 PCDDs）和多氯二苯并呋喃（简称 PCDFs），我国的环境标准把它们统称为二噁英类。这类物质非常稳定，熔点较高，极难溶于水，可以溶于大部分有机溶剂，是无色无味的脂溶性物质，所以非常容易在生物体内积累。自然界的微生物和水解作用对二噁英的分子结构影响较小，因此，环境中的二噁英很难自然降解消除。二噁英的最大危害是具有不可逆的"三致"毒性，即致畸、致癌、致突变，同时二噁英又是一类持久性有机污染物（POPs），在环境中持久存在并不断富集，一旦摄入生物体就很难分解或排出，会随食物链不断传递和积累放大。人类处于食物链的顶端，是此类污染的最后集结地，因此，对火化机烟气的净化处理，必须对二噁英进行有效的处理。目前国际上通行的方法是采用活性炭吸附方式进行，其工作原理如图 3-57 所示。

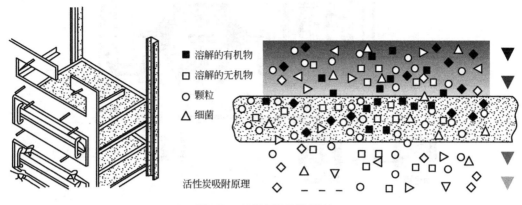

■ 溶解的有机物
□ 溶解的无机物
○ 颗粒
△ 细菌

活性炭吸附原理

图 3-57　活性炭吸附原理

活性炭吸附装置的工作原理：吸附装置的出口端在引风机机械抽力的作用下，烟气通过活性炭层；活性炭在低于80℃的条件下，发挥很强的吸附作用，不断地将烟气中的二噁英和其他物质吸附在活性炭中，从而实现了净化烟气的功能。经过净化后的烟气再通过引风机，从烟囱中排入大气。

微课-活性炭吸附
装置工作演示

4. 脱硫装置

脱硫设备一般是指在工业生产中，用于除去硫元素，防止燃烧时生成 SO_2 的一系列设备。硫对环境的污染比较大，硫氧化物和硫化氢对大气的污染，硫酸盐和硫化氢对水体的污染，是目前环境保护工作的重点。遗体处理过程中，因燃烧大量燃料、遗体及随葬品，将产生一定量的硫元素，这些硫元素经过燃烧之后会释放出大量 SO_2，如果不加以治理，就会对环境造成巨大危害。因此目前火化机尾气净化处理要使用到脱硫设备。

目前行业内的脱硫方法主要有三种：燃烧前脱硫、燃烧中脱硫和燃烧后脱硫。脱硫工艺也有十几种，不同的工艺会使用不同的生产系统，脱硫设备的选择也会有所区别。目前石灰石-石膏法脱硫工艺是世界上应用最广泛的一种脱硫技术，此工艺的基本原理，是将石灰石粉加水制成浆液，作为吸收剂泵入吸收塔，与烟气充分接触混合，烟气中的二氧化硫与浆液中的碳酸钙以及从塔下部鼓入的空气进行氧化反应，生成硫酸钙，硫酸钙达到一定饱和度后，结晶形成二水石膏。经吸收塔排出的石膏浆液经浓缩、脱水，使其含水量小于10%，然后用输送机送至石膏储仓堆放。脱硫后的烟气经过除雾器除去雾滴，再经过换热器加热升温，由烟囱排入大气。由于吸收塔内吸收剂浆液通过循环泵反复循环与烟气接触，吸收剂利用率很高，钙硫比较低，脱硫效率可大于95%。图 3-58 为石膏法脱硫工艺原理图。

第三章　火化机结构

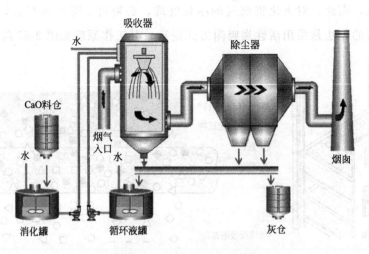

图 3-58　石膏法脱硫工艺原理图

微课-脱硫设备简介

火化机的烟气后处理系统，可根据需要消除污染物质的量来进行设置，既可把它作为火化机的有机部分，也可把它作为独立的环保设备来进行考虑。对烟气的流程而言，烟气后处理系统不但是排烟系统的一部分，而且也给排烟系统增加了相应的阻力。后处理系统对烟气中的污染物质的处理是属于被动型的，同时它的装置复杂、体积庞大、耗能多，增加了火化机使用和维修的难度。所以，对今后而言，随着火化设备的不断发展，烟气后处理系统将逐渐退出，取而代之的是那些科技含量高，又不需要后处理系统的新型火化设备。

三、烟气监控电路

火化机在火化过程中排放出的烟气，必须达到相应的国家排放标准。现阶段我国的火化机环保性能还达不到无害化排放，这就要求遗体火化师在进行火化操作时，严格按操作规程操作。实际工作中遗体火化师不可能又进行火化操作，又去看烟囱冒不冒烟，为此，殡仪馆在火化机烟囱出口处安装了电视监控设备，这样遗体火化师可以看着烟囱口的情况操作，提高了环保效果。电视监控系统是火化设备的重要组成部分，它通过遥控摄像头及辅助设备、镜头、云台等，直接观看火化间顶部烟囱出口处的情况，可以把烟气排放的图像内容传送到安装在火化机操作面的监视器上，也可以传输到监控中心，对图像记录存储，以备将来查验。

电视监控系统由摄像、传输、控制、显示、记录登记五大部分组成。摄像头通过同轴视频电缆，将视频图像传输到控制主机，控制主机再将视频信号分配到各监视器及录像设备，同时可将需要传输的语音信号同步录入到录像机内。通过控制主机，操作人员可发出指令，对云台的上、下、左、右动作进行控制及对镜头进行调焦变倍的操作，并可通过控制主机实现在多路摄像机及云台之间的切换。利用特殊的录像处理模式，可对图像进行录入、回放、处理等操作，使录像效果达到最佳。加装时间发生器，将时间显示叠加到图像中，在线路较长时加装音视频放大器，以确保音视频监控质量。

摄像头是电视监控系统的主要设备，是一种把景物光像转变为电信号的装置。其结构大致可分为三部分：光学系统（主要指镜头）、光电转换系统（主要指摄像管或固体摄像器件）以及电路系统（主要指视频处理电路）。

光学系统的主要部件是光学镜头，它由透镜系统组合而成。这个透镜系统包含着许多片凸凹不同的透镜，其中凸透镜的中部比边缘厚，因而经透镜边缘部分的光线比中央部分的光线会发生更多的折射。被摄对象经过光学系统透镜的折射，在光电转换系统的摄像管或固体摄像器件的成像面上形成"焦点"。光电转换系统中的光敏元件会把"焦点"外的光学图像转变成携带电荷的电信号。这些电信号的作用是微弱的，必须经过电路系统进一步放大，形成符合特定技术要求的信号，并从摄像头中输出。

光学系统相当于摄像头的眼睛，光电转换系统是摄像头的核心，摄像管或固体摄像器件便是摄像头的"心脏"。当摄像机中的摄像系统把被摄对象的光学图像转变成相应的电信号后，便形成了被记录的信号源。录像系统把信号源送来的电信号通过电磁转换系统变成磁信号，并将其记录在录像带上。如果需要摄像头的放像系统将所记录的信号重放出来，可操纵有关按键，把录像带上的磁信号变成电信号，再经过放大处理后送到电视机的屏幕上成像。

从能量的转变来看，摄像机的工作原理是一个光、电和磁的转换过程。

摄像头把监视到的内容变为图像信号，通过视频服务器将数字音视频信号传送到控制中心的监视和存储设备。摄像部分是系统的原始信号源，摄像部分的好坏以及产生图像的质量影响着整个监控系统的质量。因此，电视监控系统采用具有清晰度高、灵敏度好的彩色摄像一体机，采用光圈、聚焦、变焦三可变的镜头，采用在水平方向和垂直方向均可旋转的电动室内用云台，采用防尘性能强的防尘罩。

电视监控系统的传输部分主要有图像信号的传输、声音信号的传输，以及对摄像头的镜头、云台等进行控制的控制信号的传输。可用视频服务器来传输图像、声音和控制信号，其主要的优点就是图像经过传输后不会产生噪声失真，可以保证原始图像信号的清晰度及灰度等级。

显示部分一般用12in电视监视器即可满足要求，采用计算机控制的监控系统，可以采用计算机显示器和大电视监控器双重显示，其中电视监控器设在火化机上用于辅助遗体火化师火化操作，计算机显示器设在监控中心，供管理人员对前端监控点进行控制时使用。图3-59为火化机烟气监控装置图。

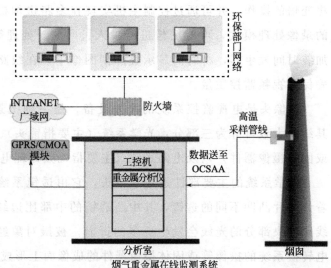

图 3-59　火化机烟气监控装置图

第六节　骨灰处理系统

课件-骨灰处理系统

　　遗体火化过程结束后，须认真收集、清理骨灰，严格做到不漏灰、不混灰，绝对禁止错灰。随着台车式火化机的普及与发展，客户亲自收集亲人骨灰的现象与日俱增。骨灰的收集方式因火化机结构的不同而略有差异。

　　（1）架条型火化机的骨灰收集方式

　　架条型火化机在火化遗体的过程中，所形成的骨灰不断地从架条之间掉落到下面的清灰炕面，待火化结束时，由遗体火化师经出灰口收集清灰炕面的骨灰。由于一些遗体火化师在火化时的不规范操作，连续火化容易造成混灰的后果，致使很多客户对此不满，这是遗体火化师在收集骨灰时应特别注意的。

　　（2）平板式火化机的骨灰收集方式

　　平板式火化机主燃烧室的炕面是完整的，遗体火化所形成的骨灰都保留在平板炕面上，火化结束时，遗体火化师可由操作门将骨灰扒出。这种骨灰收集的方式不易造成混灰，为多数客户所接受。

　　（3）台车式火化机的骨灰收集方式

　　由于台车式火化机的送尸车与炕面是合为一体的，并且能整进整出，所以在遗体火化后，能将承载骨灰的炕面整体退出火化机的主燃烧室，既可由遗体火化师收集骨灰，也可由客户亲自收集骨灰，能提供个性化服务，很受客户的欢迎。

（4）其他收集方式

近年来出现了多用的火化机，如兼具平板式和台车式结构的火化机，其骨灰收集方式可以根据客户的要求进行选择。

不管采用哪种火化机，其基本收集、整理骨灰的工具均主要有灰斗、骨灰夹、长铁耙、小铁铲和清扫毛刷等。图3-60为常用的骨灰收集工具。

骨灰收集完毕，需对骨灰进行筛选与分拣处理。

骨灰分拣是利用碾压、挤压、切削原理对大块骨灰进行粉碎，以获得颗粒均匀的粒状骨灰的过程。粉碎骨灰的方法一般采用人工碾压和骨灰粉碎机粉碎，无论是人工操作还是使用自动骨灰整理机，其过程都必须文明，不得暴力操作。

骨灰筛选是将收集到的骨灰进行筛选，其作用：一是能剔除混入骨灰中的金属纽扣、皮带夹、鞋钉、棺钉、拉锁头、表链等杂物；二是能分离遗体体内所镶的金属牙齿和骨折固定件等医疗用品；三是能去除骨灰中个别未完全氧化的含碳颗粒。骨灰的筛选工作可以人工整理完成，也可以使用骨灰筛选设备进行。江西南方环保机械制造总公司制造的骨灰粉碎机如图3-61所示。

微课-骨灰粉碎机的
工作演示

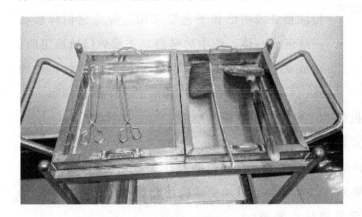

图3-60 常用骨灰收集工具

图3-61 骨灰粉碎机

第七节 火化机附属结构

火化机炉体外结构中，主要包括了炉骨架、装饰面板等结构。

一、炉骨架

火化机的炉骨架主要由支柱、炉外墙钢板及固定构件的各类型钢组成。尽管火化机的型号很多，但一般其炉骨架主要包括前立架、后立架和侧立架。

课件-火化机附属结构

设计炉骨架时，要考虑到炉口装置、燃烧装置、窥视孔及其他炉用构件的安装关系。炉骨架的主要作用是固定砌体、保护砌体和承受砌体的部分重量，侧立架与拱脚梁承受拱顶产生的水平推力，后立架承受砌体的热张力和某些构件的重量，前立架承受炉门及炉门启闭装置的重量。为了便于运输，整个炉骨架分成前立架、侧立架和后立架发运，运到工地后再对接组装。

拱脚梁安放位置应使其受力中心与炉拱旁推力中心相吻合。有些炉的拱脚梁焊接在侧立架上，也可以自由搁置炉墙砌体上，能自由调整拱脚梁受力中心与炉拱推力的一致性，在维修过程中便于适应炉拱高度的变更。拱脚梁焊接在侧立架上的优点，是对提高炉骨架的整体强度有利，能固定在规定的设计高度上，而避免施工中由于疏忽而引起的高度误差，还便于在不更换炉顶的情况下拆修炉墙。

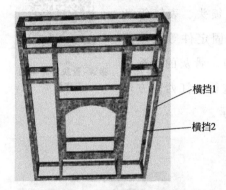

横挡1

横挡2

图 3-62　前立架结构图

微课-前立架结构

微课-后立架结构

（1）前立架

位于火化机的进尸端，遗体是从前立架进入炉膛的。它的主要作用就是支承炉门及炉门启闭装置，并有收集余烟的作用。前立架由 L60×60 和 L50×50×5 型钢焊接而成，见图 3-62。横挡1 与横挡2按图纸和工艺要求用电焊把它们焊接在一起形成一体，图中的横挡是支承炉门轨道用的。在前立架的蒙板上开有与炉膛横剖面形状相应的孔，后面与两旁的侧立架相连，顶部有烟罩，侧面用普通钢板蒙上，底脚置于水平基础上。

（2）后立架

位于炉体的后端，也就是火化机的操作面，用 L50×50×5 按图纸和工艺要求焊接而成，它可承受砖砌体热膨胀所产生的力。档次较高的火化机的后立架蒙面板是不锈钢，普通炉则用普通钢板蒙面。在这个面上装有清灰门、出灰门、操作门和燃烧器，对炉膛内燃烧所需助氧风的控制机构也在此面上。

从后立架结构图 3-63 中可以看出，后立架也同样是由横挡1和横挡2按工艺要求和图纸尺寸组合而成。它与前立架不同的是，前立架是双层的，后立架是单层的，它的操作面上装有上述装置。另两边与侧立架相连。

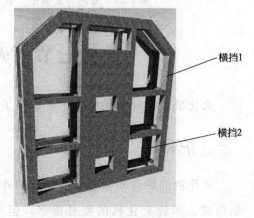

横挡1

横挡2

图 3-63　后立架结构图

后立架的竖直方向不承受力，而水平方向承受力的作用，距离热体很近，设计后立架要考虑在较高温度下不能变形，否则就会影响火化机的性能。

（3）侧立架

如图 3-64 所示，由横挡 1 和横挡 2 按图纸尺寸和工艺要求焊接形成。它是连接前立架和后立架的连接体，又是砌体的护体，它在竖直方向不承受力的作用，而在水平方向承受炉拱旁推力的作用。侧立架使用的材料与后立架相同，也是单层的，外侧用普通钢板蒙上，内侧与保温材料相接触。因其距离热源较近，在设计时除考虑受炉拱旁推力外，还要考虑在较高温度下不变形。

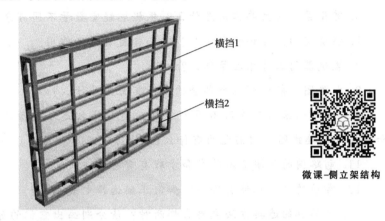

横挡1

横挡2

微课-侧立架结构

图 3-64　侧立架结构图

二、装饰板

火化机炉膛安装到位后，需要在火化机炉骨架上安装不锈钢装饰板，以便保护与美化火化机炉体。目前一般火化机的装饰板材质都是原色不锈钢，由于彩色不锈钢装饰板比原色不锈钢具有更强的耐腐蚀性能，且色彩鲜艳，因此越来越多的火化机厂采用各种彩色不锈钢板来装饰火化机。图 3-65 所示为江西南方环保机械制造总公司生产的 YQ 系列高档彩板火化机。

图 3-65　高档彩板火化机

1. 火化炉一般由哪四个基本系统组成？各自的功能是什么？

2. 输入系统的主要作用是什么？它由哪几个部分组成？

3. 我国现有的火化炉其送尸车的种类有哪些？它们各自的特点是什么？

4. 燃料供应系统的主要作用是什么？一般液体燃料供应系统由哪几个部分组成？

5. 供风系统的主要作用是什么？

6. 焚化系统的主要作用是什么？根据燃烧室数量不同可分为哪几种？

7. 燃烧室的主要构件有哪些？它们各自有什么作用？

8. 燃烧器的工作原理是什么？

9. 电路图一般由哪几个部分构成？其含义是什么？

10. 电路图根据其作用不同可分哪三类？什么是电气原理图、电气设备安装图和电气设备接线图？它们之间有什么区别？

11. 电路图的识图基本要求和步骤有哪些？

12. 常用的电气元件有哪些？如何正确选择电气元件？

13. 电动机的连接方法主要有哪两种？请分别画出它们的原理图。

14. 三相异步电动机的启动方法有几种？请分别说出它们的工作原理。

15. 试说明电动机的正反转电路的控制过程。

16. 怎样才能实现电动机的自锁、互锁和联锁控制？请做图说明。

17. 请详细分析火化机的电气电路图的原理，并以平板式火化机为例说明火化机的预备门、炉门和尸车控制电路的控制过程。

18. 火化机中使用的可编程控制器主要由哪些部件构成？试简单说明火化机中可编程控制器控制的过程。

19. 输出系统的主要作用是什么？它主要由哪些部件构成？

20. 请简单说明高烟囱和低烟囱的工作原理。

21. 火化机烟气后处理系统主要作用是什么？主要由哪几部分组成？

第四章 火化机的操作

学习目标

①掌握文明火化基本内涵及要求。

②掌握炉条式火化机操作流程。

③掌握平板式火化机操作流程。

④掌握台车式火化机操作流程。

⑤掌握火化机操作流程及规程。

目前国内火化设备的生产厂家、种类和型号较多，其操作方法也不尽相同，但总体来说，大部分的火化机的操作过程大抵相近，因此，本章以目前常见的炉条式火化机、平板式火化机和台车式火化机为例来介绍其操作方法。对应不同型号的火化设备，各殡仪馆或火葬场在使用之前请对照生产厂家所提供的产品使用说明书进行操作。

随着行业进步，不论哪种类型的火化设备，遗体火化师在操作过程中都要遵循文明火化的基本原则，这也是社会文明进步的具体体现。文明火化指的是火化师在进行遗体火化全过程都使用尊重逝者及丧户家属的文明用语并规范服务。文明火化主要体现在以下几个方面：一是尊重逝者，事死如事生，为逝者提供标准、专业和精细的服务，让逝者安息；二是善待丧户家属，感同身受，为丧户家属提供贴心、温情和周到的服务，让家属安心；三是营造良好的人文环境，良好的人文环境是殡葬文化内化的重要体现与载体，火化车间是进行遗体火化的工作区域，营造一个"尊重逝者、敬畏生命"的环境，不仅能逐步减少人们对遗体火化恐惧的感观，同时还能厚植生命教育，以此来转变人们对殡葬的观瞻。

第一节　炉条式火化机操作

一、炉条式火化机的操作流程

炉条式火化机是我国最早一代火化机产品。其优点是炉膛炕面采用架空燃烧、可以有效节省燃料、缩短焚烧时间，曾经在20世纪70至80年代成为国内主要的火化机产品。其缺点是如果操作不规范，容易产生混灰，且燃烧时产生的污染气体较大等，不符合文明火化要求，现已逐步被殡葬行业所淘汰。

炉条式火化机在使用前，首先应仔细检查炉膛内有无骨灰等杂物，如有必须认真清除干净才能进行遗体火化工作。

炉条式火化机的前厅操作流程：先合上总电源，开启引风机，调整烟道闸门，控制炉膛负压到-100Pa左右，然后送出空炉信号给前厅。打开预备门，将遗体或棺木按要求放置在挡板式进尸车伸出臂上。随后启动挡板式进尸车，将尸车移动到炉门前，开启炉门，再按进炉按钮，尸车将遗体送进炉膛指定位置，在完成遗体或棺木卸载后，尸车会自动退出炉膛，最后关闭炉门和预备门，完成前厅操作。

炉条式火化机的后厅操作流程：首先开启鼓风机，调整风阀的开度，同时调整烟道闸板，保证炉膛负压在-100Pa以上，然后启动燃烧器，观察遗体或随葬品的燃烧状态，当随葬品燃烧完毕后，要调整烟闸开度，逐步减少负压，保持炉膛负压在-30Pa左右。由于炉条式火化机炕面采用了架条的形式，所以遗体燃烧的速度比较快，这时要特别注意燃油与助氧风的供量配比，一定要保证炉膛的燃烧始终处于充分燃烧的状态，这可借助测温仪表读数或观察火焰的色度来确定。

火化完毕后，可打开窥视孔观察骨灰是否烧尽，如已烧尽即可出灰；如没有烧尽，就在手动状态下点燃燃烧器，继续焚烧，直至可以出灰为止。出灰时要特别注意，由于采用了炕面架条结构，大量的骨灰会掉落到两个架条之间，使用工具出灰时一定要尽可能将骨灰扒干净，防止混灰的产生。

如果有后续遗体需要火化，可按上述步骤循环操作；如果没有后续遗体需要火化，则可关闭鼓风机、引风机，降低烟道闸板，使火化机处在保温状态，待电脑退出状态后，再关掉总电源。

二、炉条式火化机操作注意事项

炉条式火化机在使用过程中应注意以下事项。

①在遗体火化之前，一定要仔细检查炉膛内是否有残留的骨灰等杂物，如果有，必须清理完毕后，才能进行下一步工作。

②引风机开启后，一定要保证炉膛内负压到达预设值，才能进行下一步工作，否则要进行检查。

③点主燃烧器时，如果按点火按钮，5s之内还没有点燃燃烧器，应立即按关火按钮；重新操作一次还是点不着火，就不能再进行点火操作了，应打开炉门检查，发现问题及时处理。再点火时必须打开炉门，这样做的目的是为了防止炉膛内富集的油气在点火的瞬间产生爆炸，这是防止爆炸和爆燃的必要措施。

④点燃主燃烧器时，头、眼不要正对着操作门孔，以免炉内压力突然增大时，火焰向外喷射造成灼伤。

⑤电控系统的电脑发生故障时，可以通过门内的硬手操旋钮，转换到手动操作模式下操作，然后通过硬手操进行正常工作。

⑥在燃烧过程中，一定要注意负压的变化，如果产生正压，就会使烟气和异味逸出炉外，污染车间环境。如果负压过大，就会使炉膛热损过大，增加燃烧消耗，延长焚尸时间，所以在火化机运行过程中，应尽量避免这两种情况的出现。

⑦骨灰收殓时，一定要注意将炉条之间的骨灰尽可能打扫干净，防止混灰的产生。

第二节　平板式火化机的操作

一、平板式火化机的操作流程

平板式火化机在使用前，应首先检查现场是否有异常现象。如果有异常现象，应及时处理，处理后方可进行下一步工作。

火化机的开机顺序是先送上总电源，开启引风机，调整烟道闸门，控制炉膛负压到－100Pa以上，然后送出空炉信号给进尸面。进尸面收到空炉信号后，打开预备门，双向尸车伸出臂接尸。待遗体放上车后，按进预备室按钮，车臂退回预备室；按开炉门按钮，开启炉门；再按进炉按钮，尸车平稳地将遗体送进炉膛，接着尸车会自动退出炉膛。然后，检查遗体是否正常落在炕面上，遗体落位正常，就进行下一步工作；如遗体落位异常，应及时处理后方可进行下步操作。

按下关闭炉门按钮，按下关闭预备门按钮，送出进尸完成信号给操作面。操作面收到进尸完成信号后，开启鼓风机，调整烟道闸板，保证炉膛负压在－100Pa以上，污染物质产生的高峰一过，就应减少负压，保持负压在－30Pa左右。如果是冷炉，则可接着点

课件-平板式
火化机操作

三维动画-平板式
火化机点火

三维动画-平板式
火化机停机

第四章　火化机的操作

89

燃燃烧器；如果是热炉，应视遗体、衣服、被子等随葬品的多少决定燃烧器点火时间，随葬品多的待5～8min后再点燃燃烧器；随葬品少的待3～5min后点燃燃烧器。待随葬品燃烧完后，再调整烟闸保证负压为−30Pa左右。

进入燃烧正常后，按下"自动"转换按钮，则进入自动控制状态火化。火化完毕，电脑会自动关机。这时打开操作门，看是否烧尽，如已烧尽即可出灰；如没有烧尽，就在手动状态下点燃燃烧器，继续火化，然后出灰。

如果有后续遗体需要火化，可按上述步骤循环操作，如果没有后续遗体需要火化，则可关闭鼓风机、引风机，降低烟道闸板，使火化机处于保温状态，待电脑退出状态后，再关掉总电源。

二、平板式火化机操作注意事项

①引射风机开启后，一定要保证炉膛内有预定的负压，才能进行下一步工作，否则要进行检查。

②点主燃烧器时，如果按点火按钮，5s之内还没有点燃燃烧器，应立即按关火按钮；重新操作一次还是点不着火，就不能再进行点火操作了，应打开炉门检查，发现问题及时处理。再点火时，必须打开炉门，这样做的目的，是为了防止炉膛内富集的油气在点火的瞬间产生爆炸，这是防止爆炸和爆燃的必要措施。

③点燃主燃烧器时，头、眼不要正对着操作门孔，以免炉内压力突然增大时，火焰向外喷射，造成灼伤。

④电控系统的电脑发生故障时，可以通过门内的硬手操旋钮，转换到手动操作模式下操作，然后通过硬手操进行正常工作。

⑤在燃烧过程中，一定要注意负压的变化。如果产生正压，会使烟气和异味逸出炉外，污染车间环境。如果负压过大，会使炉膛热损过大，增加燃烧消耗，延长焚尸时间。所以在火化机运行过程中，应尽量避免这两种情况的出现。

⑥双向车运行一周后，要检查各部位是否正常，螺钉是否有松动情况，在减速器和链条上要适当加润滑油。

第三节 台车式火化机的操作

一、台车式火化机的操作流程

台车式火化机在使用前，应首先检查整套系统有没有异常现象。如果有异常现象，应及时处理，恢复正常后方可进行下一步操作。

台车式火化机的开机顺序是先送上总电源，开启引风机，调整烟道闸门，控制炉膛负压到－100Pa以上。然后送出空炉信号给进尸操作面，进尸操作面收到空炉信号后，从接尸车上把遗体放到小车上。打开预备门，开启小车，遗体随小车炕面平稳地进入到预备室内，打开炉门，遗体随小车炕面平稳地进入到炉内，关上炉门。

课件-台车式
火化机操作

由进尸操作面送出进尸完成信号给火化操作面，火化操作面接到进尸完成信号后，开启鼓风机，调节烟闸和各风阀，把炉膛负压调节到－30Pa。遗体进入炉膛8min后，点燃主燃烧器，让遗体进行燃烧（每天开机第一具遗体不要延时点火）；再按下"自动"键，切换成自动状态，进入自动火化过程；待火化到设定时间后，观察炉内遗体是否火化完毕，如果还没燃尽，就用手动继续点火5～8min，待燃尽后关火、关风，送出"空炉"信号。打开预备门，开启炉门，小车退出、上升到冷却室，待骨灰冷却后再使小车下降退出预备室，由遗体火化师或死者家属拣灰，一具遗体的火化即告完成。

要进行下一具遗体的火化，按上述程序重复操作即可。当天应焚化的遗体焚化完毕后，关闭引风机、鼓风机。

台车式火化机在使用前，应首先检查现场是否有异常现象，如果有异常现象应及时处理，处理后方可进行下一步工作。

二、台车式火化机操作注意事项

①引射风机开启后，一定要保证炉膛内有预定的负压，才能进行下一步操作，否则要进行检查。

②点主燃烧器时，如果按点火按钮，5s之内还没有点燃燃烧器，应立即按关火按钮；重新操作一次还是点不着火，就不能再进行点火操作了，应打开炉门检查，发现问题及时处理。再点火时必须打开炉门，这样做的目的，是为了防止炉膛内富集的油气在点火的瞬间产生爆炸，这是防止爆炸和爆燃的必要措施。

三维动画-台车式
火化机点火

③点燃主燃烧器时，头、眼不要正对着操作门孔，以免炉内压力突然增大时，火焰向外喷射造成灼伤。

三维动画-台车式
火化机出灰

④电控系统的电脑发生故障时，可以通过门内的硬手操旋钮转换到手动操作模式下操作，然后通过硬手操进行正常工作。

⑤台车式火化机在燃烧的过程中，应密切注意主燃烧室负压的变化。如果主燃烧室出现正压，会使烟气和异味溢出炉外，污染车间环境。如果负压过大，会使炉膛热损失过大，增加燃料消耗，延长焚尸时间。在台车式火化机的工作运行中，这两种情况都不应该出现。

⑥台车式火化机的台车既是遗体入炉的输送设备，又作为火化遗体时的主燃烧

室炕面，在遗体抬上台车前，应先检查台车炕面的温度，注意一定要等到台车炕面冷却后再抬遗体上台车。应定期检查台车式火化机的传动机构，发现台车及轨道上留有异物，应及时清理。减速器和链条等部位应每周加注润滑油一次。

第四节 火化机操作规程

课件-火化机操作规程

一般火化机的操作流程主要包括：火化准备、遗体入炉、遗体焚化、骨灰收殓和停机保温几部分，每项操作流程的工作内容和工作任务如表 4-1 所示。

表 4-1 火化机的操作流程

操作流程	工作内容	工作任务
火化准备	1. 设备检查	(1) 完成火化机总电源及各控制开关的状态检查 (2) 完成风路、燃料管路阀门状态检查 (3) 完成烟气净化设备状态的检查 (4) 完成常用辅助工具的检查 (5) 完成燃气报警系统运行状态检查
	2. 烟气净化设备启动	(1) 启动烟气净化设备 (2) 启动烟气净化的空压机 (3) 启动烟气净化的变频风机 (4) 启动烟气净化的清灰系统 (5) 切换烟气净化的转化阀门
	3. 设备预热	(1) 启动火化机的引风机 (2) 启动火化机的鼓风机 (3) 启动自动燃烧器点火
遗体入炉	1. 遗体接收	(1) 完成遗体及火化单据的接收 (2) 完成遗体火化手续的核对 (3) 完成家属要求的特定服务
	2. 入炉操作	(1) 使用搬运车移运遗体到进尸指定位置 (2) 操作火化机炉门的开关 (3) 操作进尸车输送遗体入炉
遗体焚化	1. 火化点火	(1) 完成遗体火化的一般点火操作 (2) 在燃烧器点火失败时，能切断燃料供应 (3) 操作火化机烟道闸板的升降
	2. 过程控制	(1) 完成主燃室、再燃室的供风控制 (2) 根据仪表显示数据判断遗体火化进程 (3) 对火化机的燃烧状态进行常规调整 (4) 完成燃烧器停止工作的相关操作 (5) 根据火化工况进行烟闸启闭 (6) 全程控制烟气净化设备的正常使用
骨灰收殓	1. 骨灰收集	(1) 使用辅助工具收集骨灰 (2) 进行骨灰冷却操作
	2. 骨灰整理	(1) 进行骨灰筛选操作 (2) 进行骨灰分拣、整理操作 (3) 正确处理常见火化遗留物 (4) 使用骨灰整理机整理骨灰

操作流程	工作内容	工作任务
骨灰收殓	3. 骨灰装殓	(1) 使用拣灰工具进行骨灰装殓 (2) 完成骨灰正确交接
停机保温		(1) 关闭鼓风机 (2) 关闭烟道闸板 (3) 关闭引风机

火化机的操作过程中，必须遵循以下操作规程。

一、火化机检查规程

①必须做好火化设备运行前的准备工作，操作人员穿戴好劳动保护用品，做好火化车间前厅和后厅的清洁工作，将各种工具摆放有序。

②检查火化设备的外观有无异常。

③对炉门、燃烧管道、供风管道进行检查，试一试阀门启闭是否灵活。

④检查烟道闸板启闭是否灵活，升降有无异常。

⑤检查送尸车的动作是否正常，控制点是否正确，尸车上的电动机声音有无异常。

⑥检查电控系统的各仪表是否正常，控制点是否正确。

⑦燃油式火化设备，要检查油罐的存油量，管道及炉膛内有无漏油现象。燃气火化设备，则要检查供气阀和分阀启闭是否灵活自如，压力是否符合要求，管道及燃烧器有无泄漏，炉膛内是否有富集的可燃气体。

⑧燃油式火化设备，要打开炉门几分钟，让可能存在的油气混合物逸出炉膛，并检查燃烧器喷油嘴有无滴漏现象。燃气式火化设备，也要打开炉门几分钟，使炉膛可能存在的富集可燃气体散去。这都是为了防止点火时发生燃爆。

二、点火升温的操作规程

①点火前要关闭窥视孔和操作门，防止万一发生燃爆时，火焰窜出，灼伤操作人员。

②配备了引风机的火化设备，在点火前，要先启动引风机，并打开烟道闸板。没有配备引风机的火化设备，在点火前应先将烟道闸板升至极限，点火后根据燃烧情况和炉膛内的压力情况，对烟道闸板的开合度进行调整。

③配备了自动燃烧器的火化设备，在点火前要打开保护隔板，将燃烧器推进到工作位置，打开控制球阀。配备了自动脉冲点火器的火化设备，则要严格注意，不能先向炉膛内喷射燃料后再点火，而应当先启动点火器，紧随着供给燃料。用点火棒点火的火化设备，先应点燃点火棒候在炉膛内燃烧器的喷嘴边，然后再喷燃料。

④点火后，打开窥视孔，观察火焰的色度，调整燃料和助氧风的配比，使火焰呈黄亮色。同时，根据炉膛内压力的情况，调整烟道闸板的开闭程度，使炉膛内的

压力保持在－5～－30Pa，禁止出现炉膛正压，但负压又不宜过大，保持微负压最好。如果是全自动控制的火化设备，这一切都由控制器按照各种设定进行自动调节，无需人工调节。如果是半自动控制的火化设备，仍需要手动调节。如果是低档火化设备，则主要靠操作人员的手工调节。

⑤如果是有两个或两个以上燃烧室的火化设备，则是先点燃三燃烧室，再点燃再燃烧室，最后才点燃主燃烧室，这一顺序不能倒置，也不能乱。

⑥点火器或人工点火棒点火时，如在5s内没有点燃，则不能继续强行点火，应及时查明原因、排除故障后，再按点火要求进行点火。

⑦当主燃烧室和再燃烧室的燃烧稳定后，主燃烧室的温度达到500℃以上时，就可以进尸焚化。全自动控制的火化设备对进尸温度的要求十分严格，炉温未达到设定值时，炉门就无法打开，也就进不了尸。对于中、低档火化设备，火化工也应自觉按要求操作。

⑧进尸后，必须严格按照遗体在各个燃烧阶段的不同特点，不断地调节燃料和助氧风的供量，使遗体焚化的全过程始终保持在最佳状态下燃烧焚化。在焚尸过程中，有些殡仪馆为了片面地追求缩短焚化时间和节省燃料，不断地翻动尸体，这是十分错误的做法，应予以坚决制止。

⑨当烟道闸板上升到极限时，如炉膛内仍出现正压，应先减少燃料和助氧风的供给，等待负压的出现。数分钟后，如炉膛内仍未出现负压，应首先检查引风机设备有无故障，如是不配备引风机的火化设备，则要查出影响自然抽力的原因；检查烟道闸板是否滑落或断落；烟道出口有无堵塞现象；烟道内有无堵塞物；烟道的漏风率是否超过了允许值。查明原因并排除故障后，才能继续焚化。

三、遗体焚化操作规程

①主燃烧室和再燃烧室的燃烧稳定后，当主燃烧室的温度达到600℃时，就可以进尸。全自动控制的火化机对进尸温度要求很严，炉温达不到设定的进尸温度时炉门就不会打开。对于中、低档火化机，也应自觉地按要求操作，炉温未达到600℃时，最好不要进尸。许多殡仪馆是冷炉进尸后再点火，这种情况必须坚决纠正。

②进尸后，必须严格按照遗体在各个燃烧阶段的不同特点，不断地调整燃料供给量和助氧风供给量，使尸体焚化的全过程中始终保持在最佳燃烧状态。在焚尸过程中，尽量减少翻动遗体。有些殡仪馆为了节省焚化时间，减少燃料消耗，在焚尸过程中不断地翻动遗体，这是十分不文明、不道德的行为，必须坚决制止。

③当烟道闸板上升至极限时，如果炉膛内仍出现正压，应减少燃料和助氧风的供给量，等待负压的出现；如仍未出现负压，则应先检查引风设备有无故障。没有

引风装置的火化机，则要检查影响自然抽力的原因，检查烟道闸板是否滑落或断落，烟道出口有无堵塞现象，烟道内有无堵塞物，烟道的漏风率是否过高，查明原因并排除故障后，再继续焚化。

④遗体焚化的全过程中，操作人员不得离开岗位，必须经常观察尸体的焚化情况，不断观察火焰、炉温、炉压等情况，直到焚化完毕。

⑤调节好燃料量、助氧风量，使火焰保持黄亮灼眼，力求始终处于最佳燃烧状态，随时观察仪表数据。恰当的空气过剩系数是至关重要的，供风量过多，则会造成炉温下降，热损失多；供风量过少，则会造成缺氧，燃烧不充分，导致产生大量的有毒、有害物质。

⑥炉膛内压力的大小，对尸体焚化效果及车间环境影响甚大。如果出现正压，烟气就会逸出炉膛而污染车间环境；如负压过大，会造成热损失过多，使炉温上不去，导致浪费燃料，延长焚化时间。所以，要根据炉膛压力的情况，经常调节烟道闸板的启闭程度。

⑦使主燃烧室和再燃烧室保持设定要求，温度不够时，采取措施使炉温升上去；炉温过高时，采取措施，使炉温降到设计温度。主燃烧室的最佳工作温度是825℃±25℃。如低于800℃，则应增大燃料和助氧风的供量；高于850℃时，则应减少燃料和助氧风供量。一般来说，温度上不去的情况，都是发生在焚化当日第一具尸体时，连续焚化2～3具后，很少出现炉温上不去的情况。当炉温高于900℃时，可以暂停燃料供给，只适当的供给助氧风，待炉温降至800℃以下时，再恢复燃料的供给。

再燃烧室的最佳工作温度是900℃，如接近900℃左右时，可暂停燃料供给，只供必要的助氧风。连续焚化时，只要再燃烧室内的温度在600℃以上，就不必供燃料，只供助氧风即可。

全自动控制的火化机，只要给电脑输入主燃烧室的炉温和再燃烧室的炉温设定值，控制系统会通过反馈值由指令系统自动控制，使各燃烧室的温度始终符合设定值的要求，不会突破上限和下限。对于大多数自动控制的火化机来说，仍应坚持肉眼观察，因为有时仪表有误，电脑会出现故障等现象。

有三次燃烧室的火化机，操作要求与再燃烧室的火化机相同。

⑧电磁阀、热电偶、氧化锆等探头的位置要正确，以免造成仪表假象或反馈失真。

⑨遗体焚化的全过程禁止翻动，坚持文明、安全火化。

四、骨灰收殓和操作规程

①遗体焚化完毕，要认真清理骨灰，做到不漏灰、不混灰，绝对不能错灰。火

化工人是人生最后一站的服务员，应当具有高度的责任感和人情味，自觉地遵守职业道德，送走死者，抚慰生者，这也是殡葬文化的具体体现。

②骨灰冷却后，拣出炭黑，装入小布袋或直接装入骨灰盒。骨灰质量以白、酥为佳，从骨灰的质量也可以看出火化设备燃烧的质量。

③有些殡葬单位将骨灰粉碎后装入小布袋后入盒；有些殡葬单位是将骨灰筛去粉末后装入小布袋入盒；有些殡葬单位是将骨灰直接入土。骨灰的处理因地而异，不求统一。

五、停机保温的操作规程

①当一个工作日或一个班次的焚尸任务完成后，随着一个工作日或一个班次的结束，必须停机保温。如果一日两班，当第二班焚尸任务完成时，停机保温。

②停机保温的作用是：为第二天运行保持一定的温度，缩短炉膛的预热时间，以节省燃料；减少砌体热胀冷缩而造成的损坏，延长设备的使用寿命。

③彻底清除炉膛内的积灰，严禁留尸在炉内。

④如是配置自动燃烧器的火化设备，在停机时应将燃烧器移出，并关上隔板，防止炉膛内高温烤坏高压线和光敏电阻。

⑤关闭所有的燃料阀。如果是以可燃气体为燃料的火化设备，还要关闭总阀，关闭风阀。按如下顺序：先关闭鼓风机电源，再关闭烟气处理装置的电源，最后关闭引风机或引射装置的电源，降下烟道闸板，关闭操作门、炉门、窥视孔。有些炉门由于冲击力的作用，在关闭时会向上反弹，造成关闭不严，影响保温，所以要检查一下，如发现反弹，要及时将炉门配重顶一下，使炉门关闭严。

⑥清扫火化车间的前厅和后厅，揩净火化设备炉体的外装修，擦净送尸车上的积灰和熏黑处，擦净仪表面板，火化工具要摆放整齐，关掉火化车间的排气扇，关好火化车间的门窗。

⑦如果是配用直流电源的送尸车，在停机后要及时充电。充电时调在10～15A，并注意正、负极不要接错。如果直流电送尸车长期不用，也要每隔5天充一次电，每15天检查一次电压，如不足，应及时予以充电。

六、控制系统的操作规程

凡装配中、高档火化设备的殡葬单位，均应配备专职电工，专门负责电气设备的操作、保养和故障的维修工作。

①首先了解整个火化设备的结构、原理、性能、作用；熟悉电控系统的结构原理、控制原理；熟悉各明线和暗线的走向；熟悉各电气元件的作用。

②装备多台火化设备的殡葬单位，如动力较大的鼓风机、引风机、电动机，要

懂得"削峰"措施，不能同时启动，应错开时间启动。

③熟知所装备的火化设备运行的操作程序和注意事项，熟悉生产厂家提供的《使用说明书》，按规定程序操作，绝不能出现误操作。

④如果是带烟气处理装置的火化设备，运行时，先启动引风机，再启动除尘器和换热器的动力，后启动鼓风机；停止运行时，先关停鼓风机，再关停除尘器和换热器动力，最后关停引风机。

⑤如是全自动控制不带烟气处理装置的高档火化设备，操作简单得多。如江西省南方火化机械制造总公司研制的欧亚炉和沈阳火化设备研究所生产的升达炉，操作均十分简单。

但多台设备也应注意，不能多台设备同时启动。

第五节　火化业务记录及设备记录

一、火化业务记录

殡仪馆每天要处理很多遗体，火化业务涉及到社会大量人群，为了防止在火化操作中出现差错，在进行火化业务过程中，有一套严格的操作流程和操作规范约束遗体火化师的操作。

根据火化工作流程，火化车间接收整容或礼厅转来的遗体，应检查火化证及火化业务传递单的内容是否齐全、准确。

火化业务传递单应包括编号、亡人姓名、性别、年龄、遗体入场时间、存尸时间（起止日期）、遗体进入车间时间、死亡原因、炉别、火化号等内容，以及火化师、发灰人、领灰人签字栏等，见表4-2。

表4-2　火化业务传递单

编号		亡人姓名	
性别		年龄	
遗体入场时间		年　　月　　日	
存尸时间		从　　年　　月　　日到　　年　　月　　日	
遗体入车间时间		时分	
火化师		死亡原因	
发灰人		炉别	
领灰人		火化号	

火化证应包括以下内容：死者姓名、性别、年龄、死亡原因、死亡日期、住址、骨灰处理方式、火化证编号等，以及火化申请人姓名、住址、与死者关系等内容，

见表 4-3。

表 4-3 火 化 证

死亡人	姓名		性别		死亡原因		遗体或尸骨	
	编号		年龄		死亡日期		与亡者关系	
申请人	骨灰处理		住址					
	姓名		住址					
业务地点					告别时间			
备注								

遗体火化师应将与火化业务有关的死者信息登记在火化车间火化记录表上，并安排火化任务，明确操作人员和所使用的火化机号码，相应地做好记录。火化车间火化记录表应包括姓名、年龄、性别、死亡原因、火化证编号、进车间时间、入炉时间、操作人员、炉号等内容，见表 4-4。

表 4-4 火化车间登记表

年 月 日

序号	姓名	亡者性别	年龄	死亡原因	编号	进车间时间	入炉时间	炉号	备注

一些较大型的殡仪馆火化完成后，遗体火化师将骨灰装殓完毕后，应将骨灰送交发灰处。在和发灰处交接骨灰时，应履行骨灰交接手续，填写火化车间骨灰收灰登记表，发灰处在向亡者家属发灰时，应和骨灰领取人做好骨灰的交接，并做好交接记录。骨灰发灰登记表一般应包括亡者姓名、火化编号、盒类型、登记人、发灰人、取灰人签字等内容，见表 4-5。

表 4-5 火化车间收灰登记表

年 月 日

月/日	亡者姓名	火化号	火化机类型	送灰人	收灰人	装灰人	备注

二、火化设备运行记录

为安全使用火化设备，更好地完成火化业务，随时掌握火化设备运行状况，建立并填写设备运行记录制度是非常必要的。火化设备的运行记录是对设备当日运行情况的记录，由遗体火化师每天填写，并向管理部门进行月报和年报，由火化部门负责人签字，保存期不少于一年。它是火化设备的档案，也是设备使用单位考察火化设备效率、油耗、污染物排放等指标的原始依据。火化设备要由固定的具有上岗操作证的遗体火化师操作，使用单位要制定规范的操作程序和设备管理制度。操作人员要持证上岗，严格按规范操作，认真做好设备运行记录。

　　火化设备的运行记录应包括以下内容：炉号、火化序号、死者姓名、入炉时间、火化完成时间、油量表读数、主燃室温度、再燃室温度、主燃室压力、炉表温度、烟气排放等级、传动机构情况、电控系统情况等项目。死者姓名、入炉时间、火化完成时间、油量表读数、主燃烧室温度、再燃烧室温度、主燃烧室压力、炉表温度、烟气排放等级，火化每具遗体记录一次。在火化设备开机运行期间，当班的遗体火化师每小时至少对设备运行情况进行一次巡查，检查结果及查出问题和处理情况应填入运行记录表，传动机构和电控系统的运行情况，在每天火化业务结束后重点检查。火化设备使用单位应对设备安全做定期检查，主管领导应对火化车间工作每月做一次现场检查，火化车间负责人应每周做一次现场检查，查看设备情况及设备运行的原始记录表，发现问题及时解决。表4-6是某殡仪馆火化设备运行交接班记录的样本。

表 4-6　火化设备运行交接班记录

设备部分	传动机构	燃烧系统	供风系统	排放系统	电控系统	进尸系统
清洁情况						
使用情况						
附件工具						

思考与练习

　　1. 文明火化的基本内涵是什么？具体体现在哪几个方面？

　　2. 请简述炉条式火化机的操作步骤。

　　3. 请简述平板式火化机的操作规程。

　　4. 请简述台车式火化机的操作规程。

第五章　火化机的安装

学 习 目 标

①掌握火化机安装的基本内容及要求。

②掌握火化机炉膛筑造基本流程、方法及要求。

③了解火化机安装工艺的要求。

④了解和掌握火化机烘炉和烧结的原理及方法。

　　火化机的安装主要包括火化机炉体砌筑，火化机骨架、外壳的安装，燃料供应装置、供风装置、送尸车设备、炉门装置、预备门装置和电控箱等设备的安装和调试工作。只有正确安装以上硬件设备，并经过严格的烘炉和烧结，以及试烧等工作，才能让火化机投入使用，这样也就保证了火化机的质量。

第一节　火化机炉体砌筑

一、炉体结构

　　火化机的种类繁多，其炉体结构各有不相同，但基本结构仍有许多共同之处。

1. 炉体基本组成

　　普通火化机的炉体，一般由炉体外壳、炉衬、炉膛、炉门、机械传动装置和控制系统组成。

（1）炉体外壳

炉体外壳一般为长方形，二次燃烧室也有设计成圆筒形的。壳体由框架和钢板组成。框架用不同规格的角钢、槽钢等型材制作，由机械连接而成。框架对炉体起支承和加固作用，要承受较大负荷，必须十分牢固。在框架上覆盖钢板制成外壳，对炉衬起保护作用，增加炉体的整体强度，同时能提高炉子的密封性能。炉体外壳表面需要涂底漆，防止锈蚀，外表面还要再涂一层银灰漆或银粉漆，以减少外壳表面的辐射热损失，同时增加美观。框架所用型材的尺寸规格依据炉体大小，即所承受的负荷，进行粗略的强度计算或按经验确定。外壳钢板承受负荷较小，一般根据炉体的大小不同，分别选用2～5mm厚的低碳钢板即可。为了美观，可用不锈钢板制成。

（2）炉衬

火化机炉衬通常分为隔热保温层和耐火层。

①隔热保温层　介于耐火层和炉壳之间。该层是根据火化机的工作温度，选用不同的隔热保温材料构筑而成的。隔保温材料可以是成型砖，也可以是散料，靠炉壳一侧贴石棉板。隔热保温层的主要作用是减小炉子的传热损失，提高热效率，节约能源。隔热保温层的厚度越大，节能效果越好。高温炉的隔热保温层一般较厚，靠耐火层侧砌筑一层隔热保温砖或耐火纤维，而在隔热保温层与紧贴炉壳的石棉板层之间填充隔热保温材料的散料。

隔热保温层除炉底部分外，其余部分都不承受负荷，故可用散料填充而成，但必须捣实，以防使用一段时间后，因体积收缩而在上部出现较大的空隙，增大火化机的传热损失和导致炉温不均。

②耐火层　在隔热保温层的内侧是耐火层。该层是根据火化机的工作温度和炉内化学特性选用不同的耐火材料砌筑而成。为了保证炉膛形状、尺寸不变，耐火层必须有较高的结构强度和耐急冷急热的稳定性。炉内介质在高温下易与耐火层表面发生化学作用，导致腐蚀剥落，所以耐火层又应具有化学稳定性。耐火层的厚度较薄，常常是单层。

炉衬材料的选择，从节能出发，周期作业火化机要求升温快，炉体的传热少，一般采用全耐火纤维炉衬效果最好；其次，一般采用密度为$0.6g/cm^3$的超轻质砖做耐火层，外加隔热保温层的炉衬。耐火纤维或耐火纤维加热保温层的炉衬，不仅节能效果较好，而且炉衬厚度小，炉体外形尺寸小，重量轻。但耐火纤维做耐火层，强度低，怕碰撞，造价高，所以目前较多的是用它做隔热保温层。

（3）炉膛

火化机的炉膛应能抵抗化学物质的侵蚀，因此炉膛的砌筑一般采用高铝砖。目前，大部分火化机炉膛一般为箱形，炉膛的形状、尺寸依遗体的尺寸和燃烧效果要求而定。要求炉膛内温度均匀度要好，误差应控制在±15℃以内，密封性要好，这样有利于改善工作环境。

（4）炉门

在遗体进出炉膛的开口处需要安装活动的炉门，装卸遗体时打开炉门，加热保温时炉门关闭，保持密封状态。

炉门的开闭应当简便易行，便于操作。炉门都配备启动机构，如杠杆机构、链轮机构、液压传动机构等，可以电动，也可以手动操作。箱形炉的炉门一般是上、下垂直移动，与炉门口的密封较差。可用挡板或导轨机构压紧密封，炉门的框架可用角钢、槽钢焊接而成，也可用铸铁浇注而成。炉门壳用钢板焊接或用螺钉固定在框架上。炉门内的砌体也分耐火层和隔热保温层。由于炉门经常启闭，承受震动冲击，要求结构牢固，有较高的强度。

（5）机械传动装置

包括自动送尸车、台车等机械装置。这些机械装置要求控制方便、准确，因此，一般都采用自动控制和半自动控制的方法进行操作，近年来也逐步采用计算机程序控制。

（6）控制系统

机械运动主要是靠动作先后和速度快慢来控制；炉温和气体成分、压力主要是依靠信号反馈控制。控制系统对火化机的性能、火化质量以及环境保护具有重要影响。

2. 常见的炉膛结构

（1）室式

国内炉条炉和平板炉一般都是采用室式结构，其特点是炉底不动，遗体由送尸车送入，保温密封性能好，节约能源。图 5-1 为室式火化机炉体结构示意图。

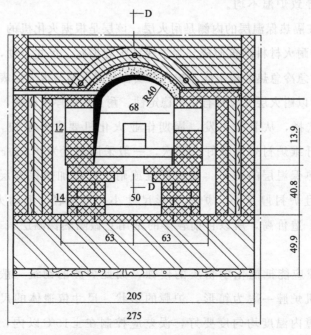

图 5-1　室式火化机炉体结构

遗体在工作室内焚化，烟气经两侧垂直烟道进入炉底下部回转烟道中。设计回转式烟道，有两方面的原因：一是考虑充分利用烟气废热，提高炉膛（工作室）温度；二是增加烟气的滞留时间，提高消烟除尘效果，减少环境污染。二次燃烧室直接砌筑在炉体下部，可视为炉体一部分。

（2）台车式

台车式火化机是由固定的炉体（工作室）与活动的台车（炉底）所组成，如图 5-2 所示。台车可沿地面上的轨道拉出炉外或推入炉内，遗体直接放在台车上，操作方便。

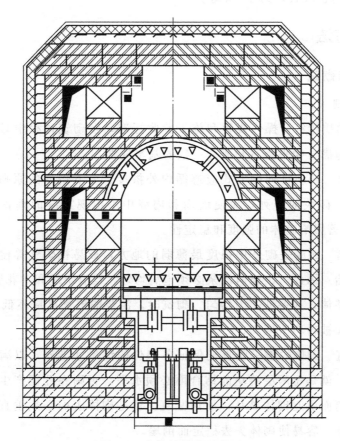

图 5-2　台车炉结构示意图

台车的行车装置多为车轮式，结构简单，制造方便。如采用密封轮轴，润滑困难，易受温度影响而涨死，使摩擦阻力增大，所需牵引力也增大。为此，可采用图 5-3 所示的半开式轴承结构。效果较好的台车式火化机的台车为自行驱动，驱动机构装在台车上。这种装置

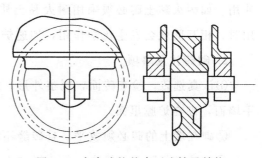

图 5-3　台车式炉的半开式轴承结构

的优点是结构紧凑，不需专设地坑，造价较低，但牵引力有限，电缆供电不太安全，且机构装在车底，影响台车运动。台车有电瓶供电和电缆供电两种。

烟气经两侧墙内垂直烟道进入炉体下入烟道，与室式火化机相同。台车式火化机的最突出优点是文明火化程度高，可实现一炉一具不混灰，因此应用较广泛。其缺点是：一是由于炉底是冷的，砂封与炉门不够严密，故炉膛温差较大，上、下温差可达 30～400℃；二是冷炉升温时，砌体吸热多，加热速度慢。台车式炉的热效率很低，燃料消耗每具遗体大约为 50kg 以上，与室式火化机相比，耗油量超出 8～10 倍；火化时间也较长，约 1.5h 等。

二、筑炉方法

（一）炉墙砌筑

1. 砌砖规则

为使砌体的质量符合操作规程和施工验收标准，在砌筑过程中必须认真掌握错缝砌筑、泥浆饱满、横平竖直和成分一致的基本规则。

①错缝砌筑　砖块排列的方式应遵循内外搭接、上下错缝的原则，而且最少应错开 1/4 砖长。砖块的排列，应使墙面和内缝中不出现连续的垂直通缝（或称同缝），否则将显著影响砌体的强度和稳定性。

②泥浆饱满　砖缝是砌体中强度最薄弱的地方，极易被炉气等侵蚀，砌体的损坏往往从此开始。因此，砌筑时泥浆必须饱满均匀，没有空缝和"花脸"，使砖块紧密连接成一个整体，并保证受力均匀。砌筑时，泥浆的饱满度应不低于 90%；干砌时，其砖缝也应被粉料所填满。

③横平竖直　砌体的横平竖直能保证各部位的线尺寸准确，以满足生产工艺要求。所谓横平，就是每两层砖块的结合面必须水平，否则在此能产生一种应力，使泥浆与砌体分离而引起砌体破坏。所谓竖直，就是砌体表面必须垂直，否则砌体在垂直载荷作用下，容易使砌体失去稳定而倒塌。

④成分一致　耐火砖的化学成分与耐火泥浆的化学成分应完全一致，不准任意使用。如耐火黏土砖必须采用耐火黏土质泥浆，两者的化学成分不同，在高温下使用时，相互间就会发生化学作用，加速炉衬的破坏，大大缩短其寿命。

2. 砌砖注意事项

①认真选砖，检查砖面，观察外形、颜色，把烧结良好的无缺陷的砖块摆在正平墙面，砌在炉膛里面。

②砌在墙上的砖必须放平，且砖缝不能一边厚、一边薄而造成砖面倾斜。

③砌砖必须跟着准线走，俗语说"上跟线，下跟棱，左右相跟要对平"。就是说

砌砖时砖的上棱边要与准线约离1mm，下棱边要与下层已砌好的砖棱平，左右前后位置要准，上下层砖缝要错缝，相隔一层要对直，俗称"不要游顶走缝"。

④当墙砌到一定高度时，要用靠尺板全面检查一下垂直度及平整度。

⑤缺棱掉角的砖或经过加工的砖面应砌在砌体的内部，不能用在直接与高温炉气接触的地方，而且也不要让其受到其他东西的磨损作用。

⑥不得使用受冻或受潮的耐火材料。砌筑过程中禁止向砌体上浇水。

⑦砌好的墙不能砸。如发现砖墙有较大的偏差，应拆掉重砌才能保证质量。

⑧砍砖要注意砍得整齐和准确，泥浆要随拌随用。

3. 直形墙的砌筑

炉墙采用标准砖砌筑时，一般多为平砌。正确砌筑的炉墙，不但具有良好的耐火性，而且可在保留上部炉墙的情况下拆除下部炉墙的砌砖，以进行局部修理。砌筑直形墙时，必须掌握不同厚度的炉墙砌筑、不同砖种之间的砌筑、接槎的砌筑以及喷嘴砖的砌筑。

（1）拉线和立杆

在砌筑炉墙之前，首先应掌握拉线和立杆，这是获得良好的砌筑质量的基本保证。

①拉线　砌砖时为了保证墙面垂直，水平砖缝平整，必须要拉线作为砌墙的标准。一道长墙的两端墙角是根据标杆、线锤或靠尺，砌到一定高度（一般为3～5层砖），使之垂直平整；中间部分的砌筑主要依靠拉线。

拉线时，两端必须将准线拉紧。线拉紧后，用眼睛查看，检查有没有触线的地方，或由于线本身重量中间下垂，一般在5～8m长度内，垫一块砖来稳定线，俗称"腰线"，如图5-4所示，使线平直无误后才能砌筑。

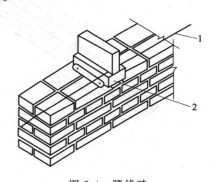

图 5-4　腰线砖
1—腰线；2—垫砖

拉线虽然使砌砖有了依据，但准线有时会受风或其他原因偏离正确位置。所以砌墙时还要学会"穿墙"，即穿看下面已砌好的墙面来找出新砌砖的位置是否正确，这样才能保证砌得端正。

在砌砖操作中不要碰线，一般砖棱应离开准线1mm，使线便于水平抖动，有拱线现象容易发觉。

②立杆　树立标杆是为了控制砖层厚度而设立的。标杆上刻有每层砖的实际厚度（包括砖缝），安置在墙体的端部。此外，还可以配置一定数量长约1m的木直尺，尺上做出砖层厚度标记，供随时检测。灵活又不同厚度炉墙的砌筑：砌筑炉墙时，在同一砖层内，前后相邻砖、上下相邻砖层的砖缝应交错。为了使每层砖的横

向竖缝错开，先砌的砖层与后砌的砖层必须交错 1/4 或 1/2，墙角和墙的始末处必须用 3/4 长度的砖砌筑。

（2）不同厚度的炉墙砌筑　纵向竖缝的交错（出于一块半砖以上的）砖墙，是用顶砌和顺砌砖层互相更替的方法达到的。如果在一层内的砖是顶砌，则与相近的上下层的砖就应顺砌，这也是常说的"满顶满顺"的砌法。

①半砖厚墙的砌法　半砖厚的墙完全用顺砖砌筑，如图 5-5（a）所示，应一块接着一块摆放。横向竖缝的交错是上下层砖移动半块砖，即错开 1/2。半砖厚的墙较少，只有烟道和设备内表面衬砖等处采用。独立的砖墙最少要用一砖厚，否则墙的强度不够。

②一砖厚墙的砌法　一砖厚的墙用顶顺砖砌筑，即"满顺满顶"法砌筑［图 5-5（b）］。横向竖缝的交错是使上下层的顶顺砌砖层错开 1/4 砖。应当指出，这种砌法如掌握不当，会使墙正面的砖缝错开而易使墙背面的砖通缝。要使墙背面的砖上下层不通缝，就要特别注意，顺砌时在里面一行只能砌 1/2 的砖，而不能砌 3/4。

③一砖半厚墙的砌法　一砖半厚的墙用一列顶砌、一列顺砌的砖来砌筑［图 5-5（c）］。横向竖缝的交错是使顺砖的砖列对着顶砌的砖列错开 1/4 砖。为了使纵向竖缝交错，顺砌层和顶砌层要交替进行砌筑。

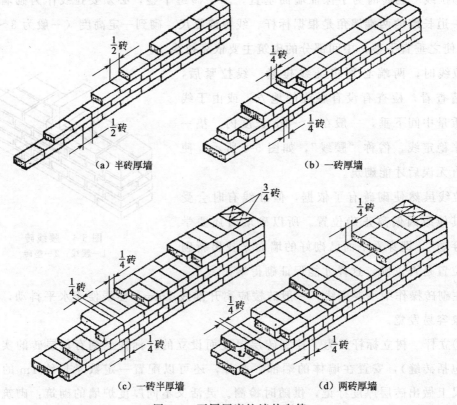

（a）半砖厚墙　　　　　　　　（b）一砖厚墙

（c）一砖半厚墙　　　　　　　　（d）两砖厚墙

图 5-5　不同厚度炉墙的砌筑

砌筑一砖半厚墙时，如果操作时先砌顶砖，要砌顺砖，手指就会碰上已砌好的顶砖的棱。如果继续这样砌下去，不是砖拱线，就是挤浆不严实，砌出的墙面质量很差。所以，砌一砖半厚墙时，应先砌条后砌顶，这样砌出的墙质量好。

④两砖厚墙的砌法　两砖厚的墙采用一层是由两列顺砌的砖，它们中间一列顶砌砖，另一层由两列顶砖砌筑［图 5-5（d）］。横向竖缝的交错，以在同一表面的砖层移动 1/4 砖来达到；而纵向竖缝的交错是两列顶砌与两列顺砌加一列顶砌的砖，依次交替进行砌筑。为了使砖层错开 1/4，在顺砌砖层一端的第一块砖，原则上采用标准长度 3/4 的砖，只是在产生通缝的一些部位不能采用。每垛墙在砌筑第一层砖时，一般都采用顶砌，并必须从右端开始按顺序进行干排（又称排砌），必要时用砍砖加以调整；然后按照一定顺序将砖取下，重新按原顺序用泥浆砌筑。通过干排，如需要大小不等的找砖时，它的砌筑位置一般应安排在左端的第二块砖位，或是支架立柱间断处的第二块砖位。找砖的长度不应小于砖长的 2/5，也不应大于 4/5，如发现超过 4/5 长度时，可采用加砌一块顶砖的方法纠正。

（3）不同砖种之间的砌筑

如果炉墙是用两种砖砌筑的，例如耐火砖和红砖墙，有时在两墙之间还要砌筑隔热砖，那么这些墙的每一种砌体都必须单独砌筑，犹如一堵单墙。为了防止分离和保持炉墙的稳定性，每砌 6～8 层耐火砖与红砖墙或隔热砖墙，就要进行内外墙互相拉固，以保持炉墙的整体性和稳定性，如图 5-6 所示。砌筑拉固砖时，每砌 6～8 层耐火砖，用标准砖顶砌一层拉固砖，即它须在耐火砖墙上向相邻的红砖墙或隔热砖墙上搭砖拉固，如图 5-7 所示。如果所砌的耐火砖长度为 230mm 时，拉固砖应该选择在顺砖层的部分。在砌筑拉固砖层时，不能把内外墙的空隙沟全部盖没（一般沟宽为 25mm），而应采取间断性的砌筑，每砌 4～6 块顶面拉固砖，就要间断 2～3 块顶面砖的位置，空留部位留做砌筑结束后烘炉时墙内有水分从通向炉顶的空隙沟中排出。

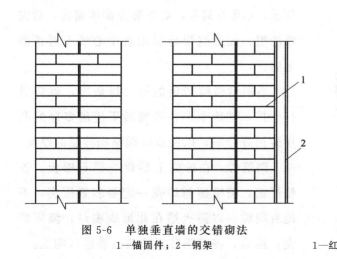

图 5-6　单独垂直墙的交错砌法
1—锚固件；2—钢架

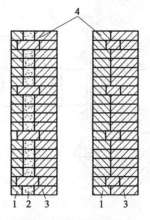

图 5-7　拉固砖砌法
1—红砖；2—隔热砖；3—耐火砖；4—拉固砖

（4）接槎的砌筑

在砌砖过程中有停歇，或砌砖有暂时性的阻碍时，不允许留垂直的缺口。在这种情况下，会出现接槎。接槎的形式有斜槎、直槎和错槎，如图 5-8 所示。错槎又称错台，很少采用。

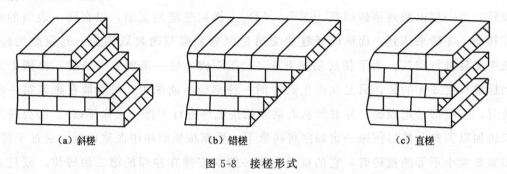

（a）斜槎 （b）错槎 （c）直槎

图 5-8 接槎形式

①斜槎的砌法 斜槎又称退台，其砌法是将留砌的接槎砌成阶梯的形式。留槎的砖要平整，槎子侧面要垂直，接槎表面的泥浆要清除干净。接槎应按规定留好，当以后堵砌槎口时，应能保证泥浆饱满，砖缝平直通顺，使接槎处前后砌体粘结成一个整体。

②直槎的砌法 直槎又称马牙槎，留槎时每隔一层砖伸出 1/2 砖，以便与后砌的砖衔接咬槎。这种接槎留置，镶砌比较方便，但由于接槎是往里塞砖，砖缝不易饱满。

（5）喷嘴砖的砌筑

喷嘴砖的安放位置应严格按照图样进行，因为该砖放置是否正确，直接影响炉内的火焰位置、气流方向及热量分布，对火化质量影响很大。而且，喷嘴砖在使用过程中工作条件恶劣，较易损坏，是砌砖中的关键部位。

砌筑喷嘴砖前，首先应将金属喷油嘴安装完毕，并将其位置校正正确。喷嘴砖的中心线必须与喷油嘴的中心线相重合，如图 5-9 所示，不得有偏差，更不能先砌喷嘴砖，后安喷油嘴，因为这样容易出现中心线不对正的毛病。

当砌到喷嘴砖前的第二层砖时，就应进行干排，准确掌握在喷嘴砖下应砌多厚的两层砖正好合适，以便及时调整砌砖层的厚度。

砌筑时，在炉壳上贴放一层石棉板，务使严密，喷嘴砖与炉壳一定要靠紧压实，不能有间隙，以防火焰在此形成喷口，烧坏炉壳；然后，将喷嘴砖紧挨喷油嘴进行砌筑。

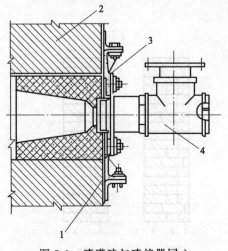

图 5-9 喷嘴砖与喷焰器同心
1—底板；2—炉衬；3—喷嘴砖；4—喷焰器

当在喷嘴砖上抹完泥浆往前一块砖上砌筑（图5-10）时，下部要对正，双手将砖往前靠，上下揉动数次，使泥浆充分填满砖缝，找正位置，并用锤子敲打几下，使其紧贴。

砌筑由数块砖组成的喷嘴砖时，上下、左右均要对齐（图5-11），尤其要注意其内孔，务使内孔平齐一致。喷嘴砖可以缩进墙内，但不能凸出炉膛内，因为凸出炉膛内部的部分会很快被火焰烧蚀。

图5-10　安装喷嘴砖

图5-11　喷嘴砖的砌法

如喷嘴与炉墙成角放置，则先按角度做好样板，然后用样板将喷嘴砖的角度找好。也可以将喷嘴砖完全紧靠喷油嘴，使砖的安放位置及角度方向与喷油嘴完全一致。

喷嘴砖上的点火孔要对准喷嘴板上的点火孔。砌筑时，两者之间有一段距离，往往又无型砖，这时要注意用砖砌好，更不能遗忘此孔而砌死。喷油嘴砖的四周不得砌有硅藻土砖或轻质耐火砖。喷嘴砖砌筑完毕，再在周围用标准耐火黏土砖砌紧，使其固定不动。在喷嘴砖的上部最好平砌一块强度高的大板砖，使其独立自在，不随上面砌体受负荷，以便于维修更换。如果大板砖的质量不好，则其效果适得其反，拆换起来更为不便。这时，反而以侧砌一层耐火黏土砖为好。

4．墙角和丁字墙的砌筑

在砌墙过程中，墙角是起基准作用的，也是砌每层间的拉线依据，如墙的垂直度、水平度、砖缝厚度，以及横向竖缝的排列等，都是以墙角为基准点的。因此，墙角砌筑的好坏，直接影响墙体的质量。所以，砌墙角时要严格按标杆砌砖，同时要随时用水平尺检查水平与垂直情况。

（1）直角墙角的砌筑

墙角砖必须经过挑选，选用符合标准、不缺棱缺角、不扭曲、厚度均匀的砖。为了使相接的两墙咬砌上下层错缝，墙角砖一般都采用3/4砖砌筑。墙的厚度有半砖、一砖、一砖半和两砖之分。直角墙角的砌筑方法，如图5-12所示。由图可知，墙角错缝砌筑都是有一定规律的，不能随意乱砌，否则将造成通缝或隔层缝不能对齐，都是不允许的。如图5-12所示，除半砖墙外，墙角砖都用3/4砖交错砌筑，并在同一砖层内。

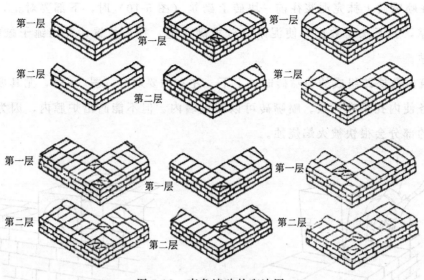

图 5-12　直角墙砖的砌法图

　　如果一堵墙的露面砖是顺砖，则另一堵墙的露面砖必须是顶砖。但是，3/4 砖必须顺着与顺砖露面的水平层砌筑，也就是说，如果在两砖厚的一堵墙内，砌两列顶砖，在第二堵墙内的同一水平层内，则砌两列顺砖和一列顶砖。在一砖半厚的墙内，如果在一堵墙内顶砖露在外面，则相应地在第二堵墙内的同一砖层，应引露出顺砖的砖层。

　　（2）丁字墙的砌筑

　　所谓丁字墙，是墙体与墙体相交成直角。丁字墙砌筑的关键是接头的砌筑。砌筑接头为了达到错缝的要求，应用 3/4 长的砖砌筑。丁字墙的砌法如图 5-13 所示。

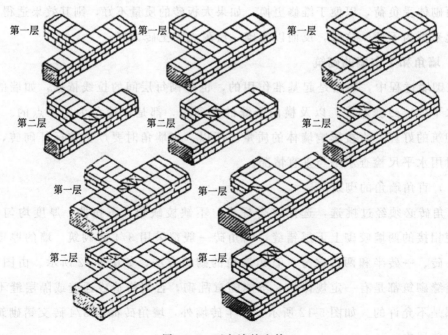

图 5-13　丁字墙的砌筑

（3）斜角墙的砌筑

所谓斜角墙，是墙体与墙体相交不成直角。这种墙角，墙体与墙体有的成锐角相交，有的成钝角相交，如图 5-14 所示。砌筑斜角墙时，必须在斜接头处用加工砖。为了使砖墙的斜接头处错缝，应按砌筑时的实际尺寸进行砖的加工，必须将一堵墙的砖层（墙表面）加工砍削，使之符合第二堵墙的砖层。凡是砌在锐角或钝角的墙角加工砖，经常要外露在墙的表面，在加工时要格外细致，必须保持砖的垂直与平整，避免出现有凹凸形或缺棱、掉角的现象。为了达到这一要求，最好事先制作样板，按加工样板将线画在砖上，再用切砖机按线切制，然后砌筑。

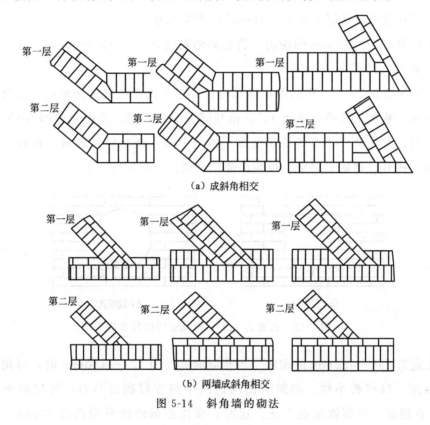

（a）成斜角相交

（b）两墙成斜角相交

图 5-14　斜角墙的砌法

检查斜角墙质量的方法，除了使用直墙的检查方法以外，还应用斜角样板尺卡进行检查。

5．墙内孔洞的砌筑

在墙上开设热电偶孔、看火孔、扒料孔等孔洞时，必须注意不得削弱砌体的强度和气密性。墙上的孔洞有的用型砖砌筑，有的用标准砖砌筑，还有的是在已砌完的轻质耐火砖砌体上钻出孔洞。

（1）用型砖砌筑孔洞

引出棒孔是用型砖砌筑孔洞的一种方法。孔洞的砌筑要求比较精细，尤其是孔洞的中心位置必须与炉壳上的孔位匹配。引出管与两块绝缘子放入套管，它们必须同心。首先将金属套管焊接在炉壳上，将两块绝缘子放入套管。在套管插入一根直径与引出棒一样的铁棒；然后，将引出管从炉膛向铁棒上套放，以使引出管与块绝缘子紧密靠近，这时应该注意它们的平直与同心。根据当时引出管的位置，加工炉墙上干排的轻质耐火砖和硅藻土砖，待调整好位置后，再用耐火泥进行砌筑。热电偶必须装在引出管中，而风管则按上述方法直接砌入耐火砖中。

（2）用标准砖砌筑孔洞

当在炉墙上用标准砖砌筑孔洞时，按孔洞大小，一般可采用下列方法。

①孔宽为116mm的砌法　当孔洞较小、孔宽在116m以下时，可以直接在砌筑中留出。应注意在该砖层上不要与其他砖层产生通缝。

②孔宽为117～250mm的砌法　当孔洞的宽度为117～250mm时，其砌筑方法有两种，如图5-15所示。

当砌筑如图5-15（a）所示的矩形孔时，采用3块T-3型的砖覆盖，关键是要加工好覆盖砖。被加工砖的角度为45°，相互间要配合严密。当砌筑如图5-15（b）所示圆形孔时，首先将T-3型砖放在地面上进行干排，确定好位置后，在砖上画出圆弧线并编上砖号，待加工完毕，按顺序逐层砌筑。

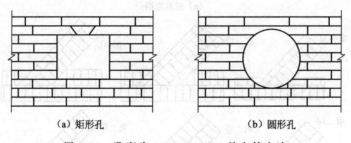

（a）矩形孔　　　　　　　　（b）圆形孔

图5-15　孔宽为117～250mm的砌筑方法

③孔宽为251～450mm的砌法　当孔洞的宽度为251～450mm时，可用凸台方法平砌砖层，以代替小拱。砌筑时由两边向中间逐层砌出凸台，每层向洞内凸出75mm，直到洞口全部被覆盖为止。这时，应注意每块砖只能凸出75mm，如果太大，则其上部的砌砖强度就会减弱。有时也可采用大板砖覆盖。覆盖时，大板砖搭在两端砌砖上的长度不得小于100mm，且其两端应分布均匀。

④孔宽为450～1200mm的砌法　当孔洞的宽度为450～1200mm时，一般采用砌拱的办法。有时没有异形拱脚砖，必须采用T-3型标准砖进行加工。所有加工砖砌成的拱脚砖斜面应平整，且在同一平面上。在拱上砌筑找平砖时，可以立砌，也可以平砌，但以侧立加工为好，这不仅易于加工，而且质量好。

6. 立砌的加工放线

①在拱上要找平的长度内将砖侧放干排，干排时应考虑到砖缝厚度。

②在平砌砖层A、B两点之间拉一线绳，如图5-16（a）所示。

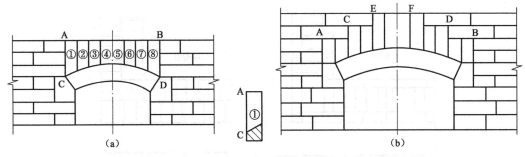

图 5-16　拱上立砌找平

③用盒尺测量图 5-16①砖 AC 的长度，并测量该砖与拱形成的角度；然后，在砖的相应长度上画出角度，按此砍去。

④按顺序将所有找平砖一一加工。加工完后，其上面应与相邻砖层（A、B 两点）处于一个平面上，外露砖面要显得完整，并符合拱的圆度。

⑤将加工好的砖从拱的两侧向中间砌筑。

⑥拱上找平砖的高度一般不应小于 65mm、大于 130mm。

⑦如拱稍大，如图 5-16（b）所示，则首先在 A、B 两点之间拉线；然后，再在 CD 和 EF 之间拉线，分别加工第一层、第二层和第三层找平砖。

⑧可将全部找平砖侧放在地面上，再以该拱之拱胎作为样板，画出砖的加工线，或者按施工图上的半径，用线绳画出加工的圆弧线。

7. 膨胀缝的留设

膨胀缝对于耐火砖砌体是必须考虑的重要因素之一。耐火砖砌体不留膨胀缝或留得不恰当，都将使砌体在高温生产中受到不同程度的损坏，缩短使用寿命。当图样上对膨胀缝数值没有规定时，每1m长砌体留设膨胀缝的平均值见表5-1。

表 5-1　常用耐火砖砌体留膨胀缝的平均值

砌体名称	膨胀体平均值/mm	砌体名称	膨胀平均值/mm
耐火黏土砖	5～6	镁砖	12～14
高铝砖	8～10	轻质耐火黏土砖	5～6
刚玉砖	12～14	红砖	5～6
硅砖	10～12		

（1）留设膨胀缝的原则

①耐火砖砌体结构的受力部分不允许留设膨胀缝，如拱脚砖后和拱的横断面上等，以免降低砌体强度。

②炉体金属骨架部位不允许留设膨胀缝，以防从膨胀缝向外冒火，烧坏骨架。

③耐火砖直墙的膨胀缝，宜设在墙角附近，如图 5-17 所示。

④圆形墙的膨胀缝应留设在耐火砖砌体与炉壳之间。

⑤纵向长度不长的弧形拱顶的膨胀缝，应留设在拱顶的两端。

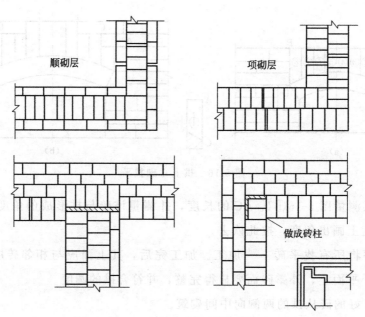

图 5-17　墙角膨胀缝的留设

⑥不允许将耐火砖的膨胀缝留设在工作面直通炉外大气层,如图 5-18 所示。

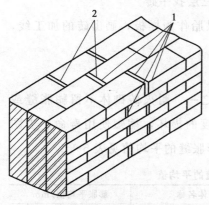

图 5-18　直墙内膨胀缝的留设
1—上层砖;2—下层砖

（2）膨胀缝的相对位置

①炉墙砌体,高温区每隔 3～4m 设置一处,低温区间隔距离可更长一些。

②硅砖砌体每隔 2～3m 设置一处。

③碱性砌砖体与硅砖设置距离相同。

④炉底应分散留设膨胀缝。

⑤复合炉墙内的隔热砌体的膨胀缝,可取耐火砖砌体膨胀缝的 1/2 间距留设。

⑥低温部位的红砖砌体可不留设膨胀缝。

（3）膨胀缝的施工

①炉墙膨胀缝　炉墙砌体内、外不同种类砖层中留成锁口式,互不相通;而在上层砖 1 和下层砖 2 中则形成交错式,互相错开（图 5-18）,一般采取间隔 2～3m 留一条,但应避开炉墙上的烧嘴、孔洞。对弧形墙的膨胀缝,一般采取圆弧砌体与外壳之间留设缝隙来代替膨胀缝,并在缝中填充耐火泥料或隔热材料,如硅石粉、珍珠岩粉、硅藻土粉等。因为圆弧墙砌体受热时呈圆周增大方向（放射方向）膨胀,为防止损坏钢结构和固定砌体,可挤压泥料而满足砌体膨胀的要求,如图 5-19 所示。

②拱顶膨胀缝　拱顶一般在两端留出直通膨胀缝。留设时,除考虑拱顶的纵向伸长外,还应考虑两端炉墙向上的膨胀。拱顶的长度大于 5m 时,除在两端留设膨

顺砌层　　　项砌层

做成砖柱

火化机技术

114

胀缝外，还应根据其长度分别在拱顶中部留设膨胀缝。拱顶的膨胀缝内应填满石棉绳，并在其上部用一层平砌层覆盖。用硅砖干砌拱顶时，应在拱的辐射缝中，每隔3～5块砖夹入厚度为1～2mm的纸板，以抵偿膨胀。

③炉底膨胀缝　砌筑镁砖或镁铝砖炉底时，每隔3～4块砖留设一条厚2～3mm的膨胀缝，或是采用在每条砖缝内填充一张1mm厚的纸板，有时也采用集中留设，如图5-20所示。

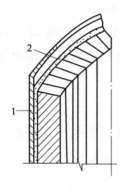

图5-19　弧形墙膨胀缝的留设
1—钢结构；2—固定砌体

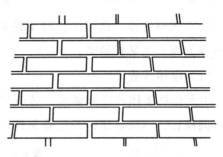

图5-20　炉底膨胀缝的留设

④砌体内有金属构件的膨胀缝　砌体内有金属构件时，应在金属构件和砌件之间留设膨胀缝，使金属构件在加热时能自由膨胀。缝内用石棉板作填充料。

（4）在砌筑过程中留设膨胀缝的注意事项

①膨胀缝的位置、厚度尺寸等，一定要按设计要求或筑炉施工规范的规定施工，不得随意改动。

②工作面耐火砖砌体的膨胀缝后口与轻质砖或隔热砖相通时，其后口应用与工作面砖材质相同的砖遮挡。

③一般不应将耐火砖的砍凿面朝向膨胀缝。

④为避免空气进入炉内或炉内气体外溢，膨胀缝内必须以石棉绳紧密地填塞。石棉绳应事先在稀薄的耐火泥浆内浸过，膨胀缝的宽度通常为20mm，应采用直径25mm的石棉绳填充。

⑤膨胀缝应上下整齐，不得歪扭，缝内不得有泥浆、碎砖及其他杂物。

⑥砌体前后，上下锁口式膨胀缝之间的滑动缝、滑动面，应铺设滑动性能的隔开泥浆，同时，此处不允许使用气硬性泥浆，砖缝小时可不打泥浆，砖缝厚时可使用热硬性泥浆。

⑦近来有将原来交错式膨胀缝改成滑动式膨胀缝的，它是由每层砖交错改为每4～5层交错一次，并在砌体交错的地方用油纸板隔开（不填泥浆），缝内填塞耐火纤维（图5-21），效果较好。

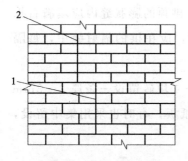

图 5-21 滑动式膨胀缝
1—油纸板；2—耐火纤维

⑧若设计规定在膨胀缝内要填塞耐火纤维、石棉绳或纸板之类的易燃物，则应在封闭膨胀缝之前填塞进去。

⑨外露的膨胀缝，除应将里面的泥浆及杂物清除干净和填满耐火纤维或纸板之类的易燃物之外，还应用宽80～100mm的黏胶纸（布）封盖膨胀缝。

8．炉墙砌筑质量分析

砌筑炉墙过程中，经常由于砌筑材料不符合要求，操作技能欠佳，或是操作时不精心，以致在砌砖砖缝、砌体外形尺寸、水平和垂直等方面产生某些缺陷。

（1）砌体砖缝

①火化机砌体的砖缝要求 砖缝厚度应当符合设计图和技术规范的规定，可根据不同砌体、不同部位以及工作条件，确定砖缝的厚度（表5-2）。

表 5-2 火化机砖缝厚度

序号	砌砖部位	最大允差/mm
1	耐火黏土砖、高铝砖、硅砖和镁砖砌体 （1）炉墙、炉底 （2）炉顶、门拱 　　温砌 　　干砌 （3）喷嘴砖 （4）空气、煤气管道 （5）烟道、换热器	3 2 1.5 1 3 4
2	耐火轻质砖砌体 （1）工作层 （2）非工作层 （3）有密封要求	 2 3 1
3	硅藻土砖砌体	5
4	红砖砌体 （1）炉墙、炉门 （2）炉顶、门拱	 8～10 5～8

②常见缺陷及预防办法

a．砖缝厚度太大，超过规定要求。产生原因及其预防方法见表5-3。

表 5-3 砖缝厚度太大的原因及预测

序号	产生原因	预防办法
1	耐火泥颗粒大	选颗粒小的耐火泥
2	砖的尺寸不一，厚薄不均	选好砖，并用耐火泥浆来适当调整

序号	产生原因	预防办法
3	砖外形不规整，弯曲变形	选好砖，弯曲严重的不使用
4	泥浆稠度大	调制泥浆时要掌握好
5	打浆不均匀	一定要掌握好打浆量
6	砌筑时没有拉线	切实做到拉线作业，确保砖缝厚度

b. 砖缝泥浆不饱满　一般有两种情况：一种是从砌体外部观察，或用塞尺探测，查到无泥浆的砖缝，称为"空缝"；另一种是将砌砖揭开检查，泥浆在砖的表面分布不均，局部呈现空洞，称为"花脸"。产生砖缝不饱满的原因及其预防方法见表5-4。

表5-4　砖缝不饱满的原因及预防方法

序号	产生原因	预防方法
1	砌砖时打浆量不够	应有足够的泥浆量
2	打浆时不均匀	在砖的表面打浆时力求均匀一致
3	揉砖操作不当或揉动不够	注意揉砖操作
4	刮浆时太湿或太干	一定要掌握好刮浆的干湿程度
5	砖的外形不规整，弯曲不平	选好砖，弯曲严重的不能使用

c. 砖缝大小不均　在一层砌体砖上砖缝大小不均，时厚时薄，上下起伏，形成波浪形。产生砖缝大小不均的原因及预防方法见表5-5。

表5-5　砖缝大小不均的原因及预防

序号	产生原因	预防方法
1	砖的尺寸不一，厚薄不均	选好砖或用泥浆打浆找平
2	打浆没掌握好，忽多忽少	根据要求，努力掌握好打浆技术
3	砌砖时没有拉线	实行拉线作业，保证每层砌砖的高度
4	砖缝隙时大时小	要掌握好每块砖的砖缝厚度
5	泥浆稠稀不均	调制泥浆时要掌握稠度，使用时要经常上下搅动，使其稠度一致

d. 砖缝一层厚一层薄　砌砖时，有时会出现一层砖缝厚，而另一层砖缝薄。产生这种现象的原因及预防方法见表5-6。

表5-6　砖缝厚薄不均的原因及预防

序号	产生原因	预防方法
1	砌砖时没有拉线	实行拉线作业
2	砌砖的水平缝没找平	每层砌砖的水平缝都要认真找平

（2）砌体外形尺寸

①火化机砌体尺寸要求　火化机砌体，不同部位尺寸允许误差见表5-7。

表 5-7　火化机砌体允许误差

序号	产生原因	预防方法/mm
1	矩形炉膛 (1) 长度、宽度 (2) 对角线长度	±10 15
2	圆形炉膛 (1) 直径 (2) 椭圆 (2m 圆度)	±15 ±15
3	拱顶 (1) 跨度 (2) 拱顶高度	±10 ±10
4	喷嘴砖中心	±3
5	各种孔洞中心	±3
6	烟道 (1) 高度、宽度 (2) 排烟口	±15 ±10

②常见缺陷及其预防方法　砌体外形尺寸的缺陷，有矩形炉墙高低不平、圆形炉墙呈椭圆形，以及对称拱脚高度不一致。

a. 矩形炉墙高低不平　矩形炉墙砌至顶部时，四侧顶部往往不是形成一个平面，有高有低，高低不平。造成这个缺陷的原因及预防方法见表 5-8。

表 5-8　矩形炉墙高低不平的原因及预防

序号	产生原因	预防方法
1	没有选好砌墙角的筑炉工	要由有经验的老工人把住墙角砌砖
2	砌筑时没有拉线	实行拉线作业，确保每层砖的高度
3	两人操作手法不一样，打浆厚度不均	使操作方法规范，保持砖缝厚度一致
4	泥浆稠度不一致	调制泥浆时应注意稠度，使用时要经常搅拌
5	砖被淋湿，不吸浆，尤其是水玻璃泥浆	不准使用湿砖砌筑，雨淋后的湿砖应干后使用

b. 圆形炉墙呈椭圆形　圆形炉墙筑不好，会使炉墙高低不平，而且会使炉膛形成椭圆或不规则的形状。圆形炉墙产生椭圆的原因及其预防方法见表 5-9。

表 5-9　圆形炉墙呈椭圆形的原因及预防

序号	产生原因	预防方法
1	没有采用必要的型砖，如扇形砖、辐射砖等	根据炉型特点，选好型砖
2	型砖尺寸不齐全	注意型砖的尺寸和形状
3	形状不规整，型砖质量不好	认真砍制加工，确保外形尺寸
4	砌筑时没有使用样板加以控制	采用图 5-15 所示的样板，随时进行检查

c. 对称拱脚砖高度不一或不平行　砌筑炉顶的两个对称拱脚高度有高有低，或是互不平行。产生这种现象的原因及预防方法，见表 5-10。

表 5-10 对称拱脚砖高度不一的原因及预防

序号	产生原因	预防方法
1	砖缝厚度没有掌握好	严格掌握每层砖缝的厚度
2	砌砖时没有拉线	实行拉线作业,确保每层砌砖的高度
3	两对称炉墙没有同时砌筑	关键是要掌握每层砌砖的高度
4	砌筑两墙使用砖的干湿程度不一	受潮的要干燥后使用
5	两墙分人操作时其手法不一	统一操作规范,认真掌握每层应砌高度

（3）水平和垂直

火化机对水平和垂直的要求是十分严格的,其允许误差见表 5-11。

表 5-11 火化机的水平和垂直允许误差

序号	砌砖部位	最大误差/mm
1	水平误差(用 2m 靠尺检查) (1)炉墙 (2)炉底	 8 8
2	垂直误差 (1)炉墙每米高 (2)炉墙全高 (3)基础砖墩每米高 (4)基础砖墩全高	 3 10 3 10
3	表面平整误差(用 2m 靠尺检查) (1)炉墙表面 (2)拱脚砖下,炉墙上表面 (3)炉底表面	 5 5 5

常见砌体水平和垂直方面的缺陷有炉墙和炉底水平差、炉墙向外鼓或向内鼓、墙面不平整等。

①炉墙和炉底水平差 砌筑炉墙或炉底时,总会有一定的水平误差。产生这一现象的原因及其预防方法见表 5-12。

表 5-12 炉墙、炉底水平差的原因分析

序号	产生原因	预防方法
1	炉底没有找平	砌砖前首先必须找平炉底
2	砖的厚度不一	注意砖的外形尺寸,选用厚度一致的砖
3	砌砖时打浆量忽多忽少	根据实际情况,认真控制好打浆量
4	整个水平缝没找平	砌砖时一定要保证砖缝厚度
5	采用冻砖、湿砖砌筑	砌体上每层水平缝不分里外,应处于一个水平面
6	用水玻璃泥浆,砌筑太快	冻砖在砌筑前要解冻,湿砖要烘干,否则不准使用
7	镁砖炉底没留膨胀缝或膨胀缝被堵,开炉后发生炉底鼓起	要控制砌筑速度,不能在一天内砌得太高;一定要注意留好膨胀缝,膨胀缝内不能掉入杂物

②往外鼓 随着砌砖的不断升高,炉墙逐渐往外鼓,上口徐徐扩大,这种现象

一般称为"张",如图 5-22 所示。如不及时纠正,最后在砌筑拱脚砖 2 时,拱脚砖还要凸出炉墙 1 很大一块,如图 5-23 所示。

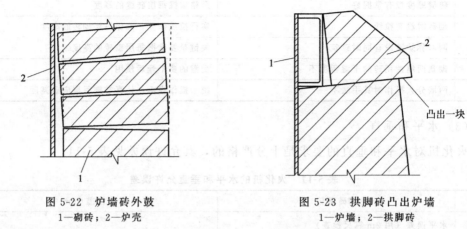

图 5-22 炉墙砖外鼓
1—砌砖;2—炉壳

图 5-23 拱脚砖凸出炉墙
1—炉墙;2—拱脚砖

炉墙往外鼓是由于水平缝不平的缘故,里高外薄,即砖缝靠炉膛处厚,靠炉壳处薄。其产生原因及其预防方法见表 5-13。

表 5-13 炉墙往外鼓的原因及预防

序号	产生原因	预防方法
1	泥浆放不均匀,里面高,外面低	打浆要均匀,揉砖后务使砖放平整
2	用锤子敲打时,只打外部(靠炉壳处),不打内侧(靠炉膛处)	用锤子敲打高处,使每块砖都水平
3	砖的厚度不一,有厚有薄,在靠内侧处砌上了厚砖	注意选砖,保证每层砖的厚度

③炉墙往里鼓 有时随着砌砖的不断升高,炉墙逐渐往里鼓,上口将缩小,这种现象一般称为"背",如图 5-24 所示。如不及时纠正,最后在砌筑拱脚砖时,要比炉墙缩进一大块,如图 5-25 所示。

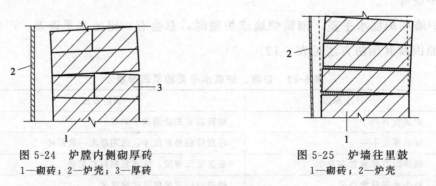

图 5-24 炉膛内侧砌厚砖
1—砌砖;2—炉壳;3—厚砖

图 5-25 炉墙往里鼓
1—砌砖;2—炉壳

炉墙往里鼓,同样是由于水平缝不平的缘故,里低外高,即砖缝靠炉膛处薄,靠炉壳处厚。其产生原因及其预防方法见表 5-14。

表 5-14 炉墙往里鼓的原因分析

序号	产生原因	预防方法
1	泥浆放不均匀,里面低,外面高	打浆均匀,揉砖后务必使砖放平整

序号	产生原因	预防方法
2	用锤子敲打时，只打内侧，不打外侧	不能习惯地敲打一侧，应准确地敲打高处，使砖平整
3	敲打时，先打内侧，泥浆挤到外部，当再打外部时，泥浆又无处排出，结果形成外高里低	用锤子敲打时，一定要注意泥浆的去处，但无论如何，应使水平平整
4	砖的厚度不一，有厚有薄，有在靠外部砌上了厚砖，或在内侧砌上了砌砖	选好砖，尤其要注意其厚度
5	采用湿砖砌筑，由于吸浆能力差，以致内侧流浆，相对砖缝变薄	湿砖应经干燥后再砌筑

④炉墙砌筑不平整　其原因及预防方法见表 5-15。

表 5-15　墙面不平整的原因及预防方法

序号	产生原因	预防方法
1	砌砖时没有拉线	实行拉线作业，注意每层砖的水平状况以及上、下层之间的垂直状况
2	拉线砌砖时，没有离线作业，砖碰上线，结果越砌越鼓	砖与准线必须保持 1mm 距离
3	水平缝不平，砖缝里厚外薄时，上层砌筑即变得凹进	严格掌握每层砖的水平缝
4	水平缝不平，砖缝里薄外厚时，上层砌筑即变得凸起	严格掌握每层砖的水平缝
5	需砍的砖比实际所需要的长，放不进去，凸出一块	按照需要长度进行砍制
6	砖的尺寸不一，有长有短	选好砖，将长度一致的砖砌在一起

（二）炉底砌筑

火化机砌筑时先砌炉墙，然后在炉墙之间砌底。这种炉底称为活底，也就是通常所说的"炕面"。

1. 室式火化机炉底的砌筑

必须实行拉线砌筑，以保证炉底的水平。随之按图样要求砌筑隔墙和砖柱，并注意烟道位置。砌砖时，不仅要选好砖的厚度，更要严格掌握每层砖缝厚度。每砌至一定高度时，应用卷尺检查，以便做到心中有数；待全部隔墙和砖柱砌完后，检查全炉所有隔墙和砖柱的水平。在隔墙和砖柱上干排大板砖，待调整合适后，用耐火泥浆进行砌筑。

2. 台车式炉台车的砌筑

应从没有直墙的一端开始，往有直墙的一端进行；待工作面层砖全部砌完后，再在其上部砌筑直墙。

砌筑台车的四周边缘要与台车骨架紧靠严密，砖与砖之间也要挤紧，砖缝要小，泥浆饱满。较大的火化机，采用侧板砖砌筑台车的四周边缘（图 5-26），台车的工作面层砖则应采用侧砌，以增强砌体的耐压强度。砌筑每层砖时，都要注意其水平，以便砌完后的台车工作面有一个平整的表面。

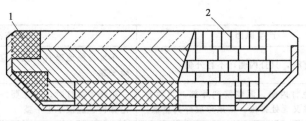

图 5-26　台车的砌法
1—侧板砖；2—工作面层砖

（三）炉顶砌筑

炉顶是砌体中最重要的部分，是温度最高部位，也是最不稳定的薄弱环节。砌筑炉顶时，必须特别注意砖的选择、拱砖咬合、砖缝厚度的及膨胀缝的留设方法等。

炉顶的砌筑有错砌和环砌两种方法，如图 5-27 所示。

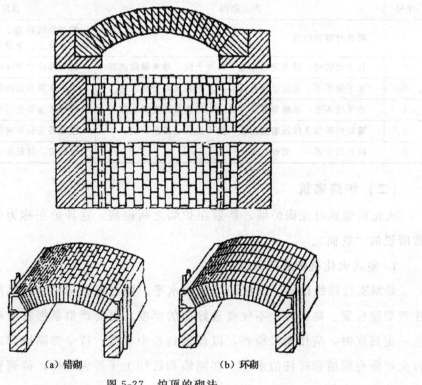

（a）错砌　　　　　　（b）环砌

图 5-27　炉顶的砌法

1. 炉顶的错砌

从两边拱脚开始，一齐向中心对称砌筑，其纵向砖缝应拉线砌得平直，使横向垂直砖缝互相交错咬合。错砌的炉顶比较坚固，整体性好，耐压强度高，因为其中每一块交错砌筑的砖都被邻层的两块砖挤住。

（1）拱脚砖

砌筑炉顶时，采用各种各样的拱脚砖，如图 5-28 所示，其斜面角度必须符合图样拱顶角的要求。

有时现场没有异形拱脚砖，必须临时加工。首先将要砌在拱脚部位的数层砖进行干排，按拱角角度画好线（图5-29）并编上号，然后按顺序每块加工。

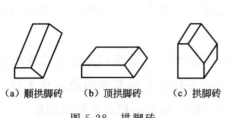

（a）顺拱脚砖　（b）顶拱脚砖　（c）拱脚砖

图5-28　拱脚砖

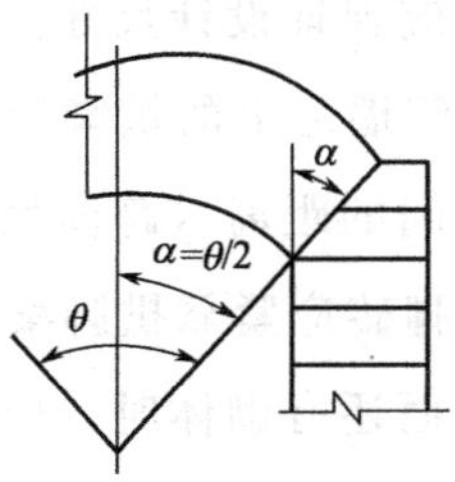

图5-29　按拱角角度画线

在实际操作中，可按实测数据画线。例如，要砌筑如图5-30所示的拱角为60°的小拱，其跨度为500mm，拱厚230mm。

①首先计算，当跨度为500mm时，若用Tc-22型厚楔形砖（230mm×144mm×65mm/45mm）砌筑，需要500÷[45+1(砖缝)]≈11块。

②若用11块Tc-22型厚楔形砖，其大端（65mm一端）处为[65+1(砖缝)]×11=726mm，即拱上端的宽度。

③拱上端宽度比跨度大726—500=226mm，再将226÷2=113mm，即拱的上端每边大113mm。

④将3块砖侧放地上，在最上层砖的上面画出113mm处的一点，与最下层砖的顶点连一直线（图5-31），这条直线就是加工线。

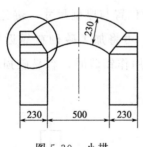

图5-30　小拱

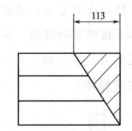

图5-31　按实践数据画线

加工拱脚砖时，既要注意这数层砖要错缝砌筑，不能造成直缝，并要重视加工角度，即砌成后拱脚的斜面应平整，且在同一个平面。

（2）拱脚的砌筑

拱脚是拱顶的基础，是拱顶作用的落脚点。拱脚一般设在两侧炉墙的顶部，并直接座落在侧墙上。拱脚砖应和拱的角度一致。拱脚砖可以与炉子内墙砌平，拱脚砖和拱脚梁之间用耐火砖砌满。有的火化机的拱脚砖不是支持在侧墙上，而是支持在火化机两侧钢结构的拱脚梁上，使炉墙不承受拱顶的作用力，对炉墙和拱顶都有好处，并有利于检修和维护，以延长使用寿命。

拱脚的砌筑比较重要，必须注意下列事项。

①两侧墙拱脚下的炉墙上表面或拱脚梁必须位于同一水平面上，拱脚砖与中心线的间距应保证设计尺寸。

②两侧墙之上的拱脚砖既要保持同一高度，又要保持平行状态，即相对的两行拱脚砖之间的距离（跨度尺寸）必须处处相等。

③拱脚砖应紧靠拱脚梁砌筑，砌筑必须平稳牢固。如拱脚砖是直接座在炉墙顶上，其后面还有砌体时，应将砌体全部砌实，不得留有膨胀的间隙，也不得在拱脚砖外面砌轻质耐火砖或硅藻土砖，以免拱顶膨胀，将它挤掉而使拱顶塌陷。

④砌筑拱脚砖时，由于砖体较大，搬动不便，因此，可以在已砌完砖的大面上涂抹泥浆。将被砌砖靠近后，再用锤子打紧，如图5-32所示。

图5-32 砌筑拱脚砖

⑤砌完后的拱脚，其表面应平整，角度应正确，不得用加厚砖缝的办法找平拱脚。

（3）干排拱砖

在砌筑拱顶前，必须用所要砌的拱砖干排一下，以掌握和处理砌筑技术上待解决的问题。

①确定楔形砖与直形砖如何搭配砌筑。

②根据干排的砖层数（奇数或偶数），确定两边拱角砖的第一层拱砖起头处采用哪种错缝砖砌法一肖度（当然以奇数砖层砌筑为佳）。

③按砖缝厚度的要求，确定和配置锁砖层的正确位置与厚度尺寸，避免加工。

④根据干排的实际情况，锁砖层非加工不可时，可将加工砖砌在靠近拱脚砖的地方，或是错开放置（图5-33）。因为被加工的薄砖用作锁砖时，容易破损，即使紧靠锁砖，也易损坏。

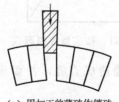 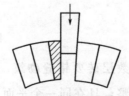 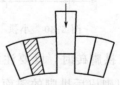

（a）用加工的薄砖作锁砖　　（b）加工的薄砖紧靠锁砖　　（c）加工的薄砖错开放置

图5-33 锁砖处加工薄砖的砌法

⑤在确定全拱砖层数的基础上，可在拱胎上画出砖层线，以便控制砖层的厚度，确保锁砖锁紧、锁好。但是，砖层可不必层层画线，采用每3层或5层画线即可。

因此，干排的作用和效果是显而易见的，不可忽视这一有益的又必不可少的工序。

（4）错砌炉顶

拱顶是在拱胎上进行砌筑的。拱胎应支设牢固、正确，如图5-34所示。

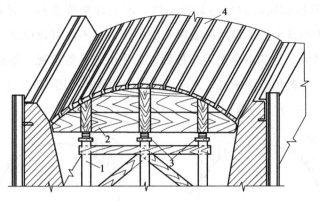

图 5-34　砌筑拱顶用拱胎
1—支柱；2—拱架；3—木楔子；4—拱条

砌筑拱顶前，拱脚梁与骨架立柱必须靠紧。砌筑可调节骨架时，在砌拱顶前，骨架和拉杆必须调整固定。

砌筑拱顶时，应使用符合拱的曲率半径的拱砖。当拱砖由几种砖组合时，也要调配到大体上符合拱的曲率半径，再进行砌筑（图 5-35），且不得使用龟裂的和有缺陷的拱砖（图 5-36）。

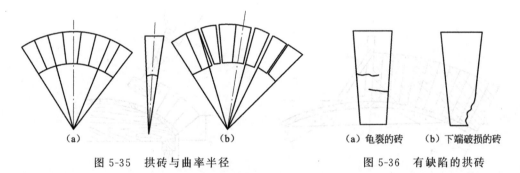

（a）　　　　　　　　（b）

图 5-35　拱砖与曲率半径

（a）龟裂的砖　　（b）下端破损的砖

图 5-36　有缺陷的拱砖

错缝砌筑时，除 116mm 厚的拱顶外，首尾两端应尽可能避免砍砖，可用相应的 1½宽（171mm）的标准砖找平，其结构形式如图 5-37 所示。这种竖厚楔形砖的尺寸分别为 230mm×144mm×65/55mm 和 230mm×171mm×65/55mm。

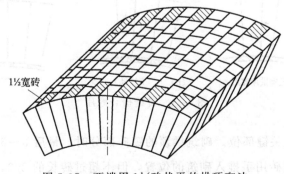

1½宽砖

图 5-37　两端用 1½砖找平的拱顶砌法

拱砖应从两侧拱脚同时向中心对称砌筑，不允许单侧进行，否则一边受力过大，拱胎就会变形。根据这个变了形的拱胎砌筑的拱顶，是不能符合设计要求的（图5-38）。若水平推力继续增大，甚至还会把拱胎推倒，必须引起足够重视。拱顶的放射缝应与半径方向相吻合。为了避免砖层倾斜，要经常用专门的样板（图5-39）检查砖的斜度是否正确，确保放射缝的方向正确。

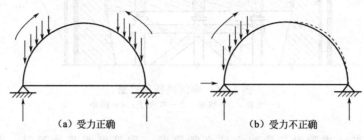

(a) 受力正确　　　　　　　　　　(b) 受力不正确

图 5-38　拱顶砌筑时的受力情况

砖缝要小，将砖一块块地揉动研缝，并且一面砌筑，一面用木锤轻轻地敲打，使其固定（图5-40）。每当研合缝时，按图（a）～（c）的顺序，上下揉动2～3次，如图5-41所示。

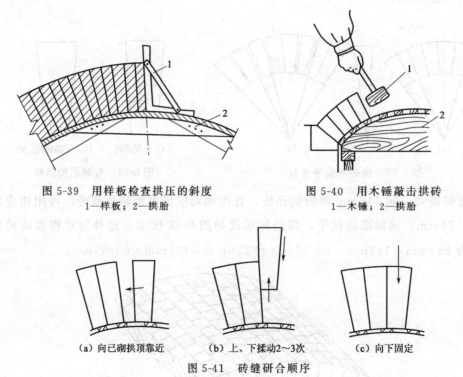

图 5-39　用样板检查拱压的斜度　　　　图 5-40　用木锤敲击拱砖
1—样板；2—拱胎　　　　　　　　　　1—木锤；2—拱胎

(a) 向已砌拱顶靠近　　　(b) 上、下揉动2～3次　　　(c) 向下固定

图 5-41　砖缝研合顺序

拱顶的锁砖层是关键部位。砌筑拱顶的锁砖部分时，最后3～5块要再次干排，并在必要时砍制，将锁砖用手推入砌筑的位置，但不超过砖长的2/3，然后用泥浆砌筑。

锁砖必须锁紧，太松或松紧不匀都会直接影响拱顶的质量。锁砖应按拱顶中心线对称均匀分布。锁砖必须用稀泥浆砌筑，首先在空当处抹上泥浆，然后在锁砖相应的几个面上分别打上泥浆，插入拱顶，这样不仅容易打入，而且可以保证砖缝泥浆饱满。这时，由于必须除去挤出来的多余泥浆，所以应在泥浆失水前迅速将砖砌好。

　　锁砖插入拱顶的深度，约为砖长的2/3。如是轻质耐火砖，其插入深度较大，约3/4，否则在打入时容易被挤碎。在同一拱顶，锁砖的插入深度应一致。不要砌一块，打入一块，应待全部锁砖层都砌完后，依次打入。锁砖应用木锤打入［图5-42（a）］；如使用锤子，则应垫以木板［图5-42（b）］，且应慢慢地敲打固定。

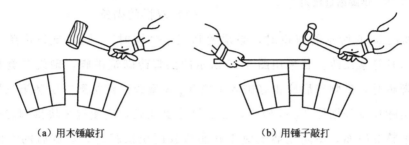

(a) 用木锤敲打　　　　　　　　　　(b) 用锤子敲打

图 5-42　锁砖的固定

　　若拱顶跨度小于3m，可采用1块锁砖［图5-43（a）］；而大于3m，则采用3块锁砖［图5-43（b）］。采用3块锁砖时，锁砖层之间的距离应为：在拱顶的中心位置处和两侧拱的1/4处各设置一层锁砖。打锁砖时，两侧对称的锁砖应同时均匀打入。有时也可采取在拱顶中心同时打入两块锁砖，如图5-44（a）所示。

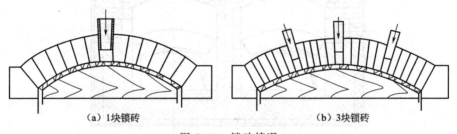

(a) 1块锁砖　　　　　　　　　　(b) 3块锁砖

图 5-43　锁砖情况

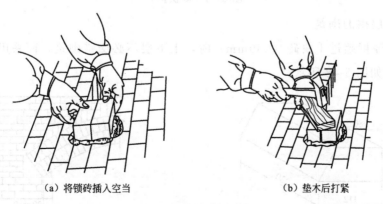

(a) 将锁砖插入空当　　　　　　　　(b) 垫木后打紧

图 5-44　两块锁砖平列打入

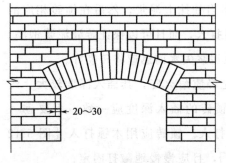

图 5-45　拱脚缩进墙内

在墙内同一水平上砌筑几个拱时，锁砖必须同时打入，由于拱与拱之间的间距较小，如不同时打入，就会使拱脚砖位移。

为了预防拱脚砖的烧毁和破坏，可以将拱脚缩进墙内 20～30mm，如图 5-45 所示，拱顶应该在当天砌完。砌完拱顶锁砖后，从上面将剩下的空缝用稀泥浆灌满。

（5）双拱的砌筑

砌筑如图 5-46 所示的双拱时，必须做到三个"同时"：同时支设拱胎、同时砌筑拱砖和同时打紧锁砖。若采用图 5-47 所示的拱脚砖砌筑拱脚，砌筑左侧和右侧的第一层拱脚砖时，拱脚砖后应正好砌入 1 块 $T_空$-3 型砖；砌筑第二层和第三层拱脚砖时，要按实际长度分别加 $T_空$-3 型砖，加工尺寸要准确，应使这 3 块拱脚砖砌完后能形成一个平整的斜面。中间立墙上应正好能拼放两块拱脚砖，对放后的背向两面即呈拱脚：第二层和第三层拱脚砖可以用 T2、T3 型砖，将其两端加工成相应的斜面，并砌成两个拱脚面；然后，从两个拱脚上，分别从两侧开始向中间砌筑拱砖，并同时打紧锁砖。如果先打一边的锁砖，则中间立墙上的拱脚砖就会向另一个方向偏移。

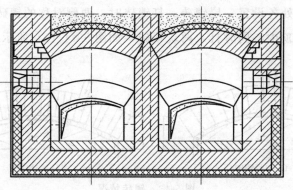

图 5-46　双拱护顶

（6）双层拱的砌筑

拱顶的厚度超过 1 块砖（230mm）时，上下层不必交错砌筑，而采用分层砌法，即双层拱，如图 5-48 所示。

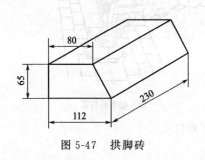

图 5-47　拱脚砖

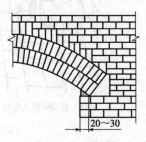

图 5-48　双层拱

双层拱的上层和下层分别采用错缝，这样可以形成几层独立的拱顶砖层。尽量选用长度相同的砖砌筑下层拱，这样可用下层拱的上表面作为上层拱的拱胎。砌上面一层拱砖之前，还可以在下层拱上抹一层泥浆，既可起到密闭作用，又可使下层拱上形成光滑的弧形拱胎，使上层拱能砌筑出好的质量。

砌筑双层拱时，多半采用同一拱脚［图 5-49（a）］，砌筑比较方便。有时可在下层拱脚砖上，砌上加工后的 T-3 型砖即成［图 5-49（b）］。采用单独拱角［图 5-49（c）］时，则需将下层拱脚砖的上端按图砍去一部分。

砌筑炉墙内的双层拱时，有时上、下层之间需要留出膨胀缝，缝内用石棉绳填充。烟道上部的上层拱一般用红砖砌筑，上下层之间留设膨胀缝，缝内可用草绳填充，每隔 180mm 左右放一根草绳。

2. 炉顶的环砌

环砌拱顶前，首先在拱胎上沿着两侧进行干排，然后由炉顶的一端向另一端一环一环地进行砌筑。也可以从拱顶的中间向两端展开，如图 5-50 所示。

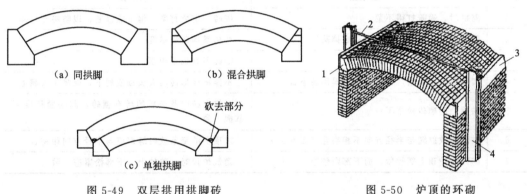

图 5-49 双层拱用拱脚砖

图 5-50 炉顶的环砌
1—拱脚砖；2—拉杆；3—拱脚梁；4—骨架立柱

环砌所用的拱砖应进行选择，使砖的尺寸大小一致，并严格控制砖缝厚度，尤其应注意锁砖的选择，使其均匀打入，各环锁砖的松紧程度应该一致。如果在一个环内锁砖打得很紧，而在另一个环内却很松，则在拱胎拆除后，锁砖很松的砖环就会下沉。

每环拱砖由两侧向中心进行砌筑。每当砌完一环砖后再砌第二环砖时，两环之间必须靠紧，并填满泥浆，不可留空隙。

3. 炉顶孔洞的砌筑

在火化机炉顶开设的孔洞是热电偶孔。热电偶孔用型砖砌筑形状、尺寸和位置，都应严格控制。

火化机经常使用方形热电偶管。砌筑时，应设法将方管夹砌在炉顶中央，如图 5-51 所示。夹砌时如需砍砖，则应加工方管附近的拱砖，而不得加工方管远处的砖。

有时也采用圆形热电偶管。砌筑时，首先将周围的两块拱砖加工出带凸台的圆孔，以便将圆管座落在凹台上，如图 5-52 所示。

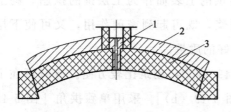

图 5-51　方形热电偶管的砌法
1—方形热电偶管；2—硅藻土砖；3—炉顶

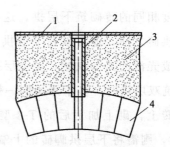

图 5-52　圆形热电偶管的砌法
1—炉壳；2—圆形热电偶管；3—隔热填料；4—炉顶

4. 炉顶砌筑质量分析

新砌炉顶经使用后，错砌炉顶掉落砖块，环砌炉顶则全环下沉。产生这种现象的原因及其预防方法见表 5-16。

表 5-16　炉顶掉砖下沉的原因及预防方法

序号	产生原因	预防方法
1	砌拱时，锁砖打得不紧	锁砖一定要打紧，但不能过紧，以防将砖打碎
2	砖缝过大，受热收缩，震动后掉落	严格掌握砖缝厚度
3	已断成两节的砖砌于炉顶	断砖不宜砌于炉顶
4	楔形砖大小用错，将砖的大头误用在下部	不能将楔形砖的大头砌成朝下，误将小头朝上
5	拱顶上的砌砖松紧不一	每排砌砖以及最后的所有锁砖，其松紧程度要掌握一致
6	拱顶的放射缝与半径方向不相吻合（图 5-53）	拱顶上的每条放射缝都应与半径方向相吻合
7	砌砖时炉顶上部较紧，而下部则较松	砌筑炉顶时，砖的上、下部松紧应一致

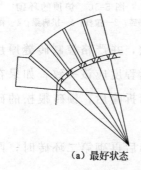
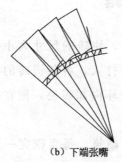

（a）最好状态　　　　（b）下端张嘴　　　　（c）上端张嘴

图 5-53　拱顶的放射缝与半径方向吻合

（四）炉体隔热

炉体隔热可以采用成型制品（轻质耐火砖、硅藻土砖等）、板状材料（石棉板、耐火纤维毡等）、散状材料（硅藻土、膨胀蛭石等），或是两者同时使用。采用成型制品时，与耐火砖的砌筑方法基本一致。根据炉体部位的不同，炉体隔热可分为炉底隔热、炉墙隔热和炉顶隔热。

1.炉底隔热

砌砖前，首先在炉底和沿炉壳周围铺放一层石棉板。在矩形炉体内铺放时，将规定厚度的石棉板裁直，对缝接头处要对正放齐，不应留有空穴。如用两层石棉板，也应采用错缝铺法。

炉底铺砌硅藻土砖时，一般使用耐火黏土质泥浆，从火化机的一端向另一端进行平砌。砌筑时要注意炉底砌砖的水平度。

2.炉墙隔热

除采用轻质耐火砖或硅藻土砖砌筑外，还经常采用夹层法和填料法隔热。

（1）夹层法隔热

夹层法隔热是在硅藻土砖与轻质耐火砖之间夹放一层耐火纤维毡，如图5-54所示。这种结构使用方便，节能效果也较明显。采用夹层法时，应将耐火纤维毡裁剪整齐，紧接铺放。如要安放两层耐火纤维毡，还应注意错缝铺设。

（2）填料法隔热

填料法隔热是采用各种填料填充炉墙。填充炉墙时必须注意下列事项：

①填充的散状材料必须干燥，且无其他杂质；

②待填充的隔墙内应经过清扫，无垃圾杂物；

③往隔墙内填料时，每次加料500mm左右，然后用板条轻轻捣实；

④每砌高一定距离将砖凸出一层，把墙覆盖住，使散状材料形成互不相通的几层；

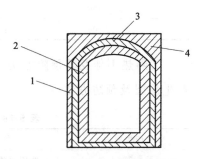

图5-54 "夹层法"炉墙隔热
1—耐火纤维毡；2—黏土质耐火砖；
3—轻质保温砖；4—红砖

⑤炉墙孔洞的周围要用轻质耐火砖或硅藻土砖砌筑严密，不留间隙，以免散状材料漏入炉内。

3.炉顶隔热

在火化机炉顶进行隔热时，一般先在已砌完的炉顶上铺放一层厚5~6mm的黏土质耐火泥，然后再平砌（或侧砌）一层硅藻土砖，如图5-55和图5-56所示。硅藻土砖层应采用环砌，这样比较方便。这层硅藻土砖一般为干砌，砖缝间应用硅藻土填满。

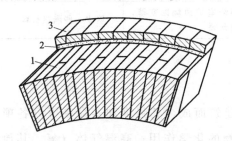

图5-55 火化机炉顶隔热（一）
1—炉顶；2—耐火泥浆；3—硅藻土砖

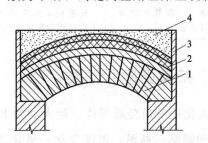

图5-56 火化机炉顶隔热（二）
1—炉顶；2—硅藻土砖；3—隔热泥浆；4—硅藻土粉

4. 隔热不佳及其原因

炉体隔热不佳，不仅浪费能源，缩短炉衬寿命，而且减慢升温速度，炉温不易稳定，甚至恶化操作环境。

①火化机的隔热要求　新砌筑的炉体使用一段时间后，炉壳表面将有一定温升，对火化机的表面允许温升提出了要求，见表5-17。

表 5-17　火化机炉体表面允许温升

炉内温度/℃	表面不允许温升不大于/℃	
	炉壳	炉顶
800	50	
1000	70	70
1100	75	85
1200	85	105
1300	90	110
1350	95	115
1400	100	120

②隔热不佳及其预防方法　引起炉体隔热不佳的原因很多，表5-18列举了一些产生原因及预防方法。

表 5-18　炉体隔热不佳的原因及预防方法

产生原因	预防方法	产生原因	预防方法
砌筑材料的隔热性能差	选用隔热性能良好的材料砌筑炉衬	隔热填料潮湿	隔热填料应经干燥后方可使用
炉衬厚度不够	按图砌筑，还要注意减薄炉衬	填料没填实，或出现空洞现象	填料在墙内填实、填满，隔层填放
石棉板在炉壳上粘放不严密	石棉板在炉壳的底部和四周敷设整齐，对接严密	炉顶上的填料厚度没按要求填放	按图要求填放填料
砌体上孔洞多、较大，又密封不好	所有孔洞均应密封良好	台车砂封槽内缺砂，炉门、炉盖密封槽内衬垫物不佳	各种槽内必须充满合格的填充物
耐火管的四周砌筑不严密	管的四周与耐火管要配砌严密	开炉、停炉，热胀冷缩后砌体开裂	一旦发现开裂现象，尽快密封堵严
砖缝大，混浆不饱满，有漏气现象	砖缝内必须充满泥浆，不得产生空气窜通现象	燃烧室炉顶烧蚀变薄，砖缝开裂	填放一些隔热材料

三、炉体强度和寿命

火化机是由金属部件、耐火材料和混凝土建筑而成，其强度和寿命受下列各项因素的影响：高温；温度变化；氧化物、硫化物的化学作用；高温气体（氧、其他气体或各种蒸气）的侵蚀；爆炸，运动的固体物所造成的机械性损伤；水蒸气及水的作用；炉顶及炉墙超载重；基础变形；震动。这些因素，每一项都会使炉底、炉墙、炉顶、构架、炉门等产生种种损坏，而损坏情况则与材料有关。所以在具体分析这些损坏情况之前，有必要先了解各种筑炉材料的理化性能。

1. 炉顶的强度和寿命

在容易损坏的部位中，问题最突出的是炉顶。当炉顶横跨在炉膛上的时候．炉顶的某些部分必然会产生张力。因为在高温下受张力的耐火材料十分脆弱，所以通常都在炉外加设钢结构以承受张力，而使炉顶的耐火材料部分处于压力之下。

最普通的一种炉顶，即拱面，就是采用上述方法砌筑的。拱的构造虽然很简单，但是拱的受力情况却很复杂，必须对拱本身及拱座的弹性变形和塑性变形进行全面的研究，否则就无法了解拱内的受力分布情况。

在论述拱和构架相互作用之前，必须研究一下温度变化对拱的影响。当炉温升高时，拱的内侧会变长，而外侧却几乎完全保持着原来的长度。这样膨胀的结果，会产生几种现象，如拱座会向外推移，拱砖会受到压缩，或者拱顶会向上升起；但实际上，拱座是保持固定的。这时，如果假定砖是不可压缩的，就会形成机械件崩裂（或称"挤裂"）。

事实上，因为砖体在炉温时具有软化现象，这种现象使炉子内侧的砖体除了产生塑性压缩以外，还能产生弹性压缩，并且把砖体所受的负荷分布到一定的面积上，直到单位压力减小到不能再使拱砖变形。由于这个缘故，就不会发生挤裂现象，同时，外力也就不会达到拱的内缘，如图 5-57 所示。

在平拱内，以及在拱砖的某些铺砌情况下，推力曲线会出现图 5-57 内右部虚线所示的形状。在这种情况下，拱会在点①处脱开，使拱的中部掉进炉内。当然除半圆形拱或球面拱以外，靠近拱座处的砖也会接着掉下去。通

热拱内大致的力线

图 5-57　热的拱内的推力线

常，拱力曲线在发生点①处那样的倒挂现象之前，必然会像点②与点③之间所示那样趋于平坦（图 5-57 左部），这种能力曲线的平坦化就是拱顶崩溃的预兆。

一般说来，火化机的拱顶不会因拱砖碎裂而造成毁坏。在偶然的情况下，温度极高的发光火焰会使拱顶熔化而坍塌。但是，一般情况下，这种非常少见的拱顶崩溃都是由于其他原因，最普遍的原因是拱座（拱脚砖）的屈服和拱砖挤裂。

拱座屈服的原因有以下几种：

①基础不好，发生局部陷落，而使这些地方的拱顶失去支承；

②承载拱顶的侧墙损坏；

③拉杆或炉侧支柱因过热而屈服，使拱顶变形；

④构架强度太弱，即使不过热也屈服。

炉顶的毁坏往往还起因于温度变化而造成的剥落。每次冷却和迅速地加热后，都可以发现许多拱砖的下端裂开而脱落了；继续下去，凸出的那些砖也裂掉了；这样逐渐不断地毁坏下去，最后，拱顶的稳固性就要受到威胁。

在拱顶崩溃的原因中，还有一种机械性损伤，如爆炸或撞击。当然，这是无法用设计来解决的问题。

拱的位移，以及猛烈的火焰所发生的震动，有时会克服摩擦力的作用而威胁到拱的稳固性。冷空气引进热炉子，以及反复地加热和冷却，都会使拱顶受到损害。其原因，部分是由于温度变化导致剥落，部分是由于砖块发生蠕动和掉落。

另外，砖的质量（包括理化指标及外形尺寸等）、拱的砌筑质量对拱的强度和寿命有着极大的影响。

2. 炉底和基础

炉底和基础部分的强度和寿命，是火化机使用者相当关心的。

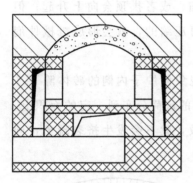

图 5-58　室式火化机示意图

室式火化机的炉底，见示意图 5-58。这种火化机为了充分利用烟气热量，消烟除尘，减少环境污染（通过增加烟气滞留时间和二次燃烧），设置了回转式烟道。其炉底同时又是炉底之下的燃烧空间之顶，起着两种作用：传递热量，同时又承载负荷。这两种作用的要求是相互矛盾的：对传热来说炉底宜薄，而对承载负荷来说炉底宜厚。事实上，对于火化机设计者来说，炉底的承载负荷是主要的，必须使炉底具有足够强度。这种炉底可以用平板砖跨在支座之间而构成。由于火化机的工作温度在 750℃ 左右，属低温炉（工作温度在1090℃ 以下），所以炉底很少发生故障（台车式火化机除外）。

但是，机械性损伤对炉底的寿命有相当大的影响。解决这一问题的有效途径，是采用更合理的进尸和操作方法。

火化机直接砌筑在混凝土基础上，炉底（二次燃烧室的底）要做得厚一些，其原因如下。

透过炉底而向基础传递热，这种热流动的结果，使混凝土中部比四周热得多，因而产生膨胀的趋势。这种趋势受到基础外缘较冷部分的抵抗，如果炉底很厚，温度就会在耐火砖内自动地分配均匀，这样就不会对基础产生危害；但是，当炉底比较薄的时候，基础中部的温度比边缘部分超出太多，中部的膨胀力超过了边缘部分的抗拉强度，基础就会裂成几块。

裂口位置自然随着混凝土原有的瑕点和脆弱面的位置而变化。基础各部分的负荷总是不均匀的，而基础的目的正是要消除这种不均匀性，使其底下土壤上所受的负荷几乎完全变成均匀分布。当基础内上述裂口的长度向内发展到相当长的时候，基础各部分就要产生不均匀沉陷，使整个炉体出现裂缝，进而使炉子损坏。

为解决这一问题，可以把火化机混凝土基础的外缘做得比中部厚些。这样，可以使破裂的危险降到最小。中部较薄的混凝土在受热时所产生的膨胀力，要比周围混凝土的抗拉力小得多。

另外，太薄的耐火黏土砖炉底还能使中部混凝土过热。混凝土在高温中可待短时间，因为短时间内只会发生表面过热。但如继续承受高温，就会粉化。水泥的脱水作用始于260℃，而完成于480℃（有些特种水泥可以承受高一些温度）。这样基础就失去了作用。因为火化机的温度不超过1200℃，所以炉底厚度 $D/6$（D 为炉底宽度）就足够了。

3．炉墙（侧墙）的强度和寿命

一般，在火化机里炉墙所发生的故障要比炉顶或炉底少。可是，仍然有许多情况会使炉墙发生开裂、沉降、烧毁或崩溃。凡是平整的直墙，如果没有因开孔而使墙断开，那么即使在1260℃的高温下，也可以用得很好。

用轻质耐火砖砌筑的火化机，其外部必须用钢板保护。这是因为耐火砖不同程度上都是又松又脆的，还因为其外部通常都铺有薄层的绝热板或绝热毡（通常是25mm或50mm厚）。还需要注意的是，大多数绝热材料在使用久了以后都会逐渐粉化。

侧墙的顶部都由拱座压住，以防侧墙向内倒塌。拱的推力会把拱座压紧在构架上，因此，借助于拱座与墙顶之间的摩擦力，就能把墙维持在原位上。

当火化机在高温区工作时，侧墙中的孔道往往是使侧墙发生故障的根源。如果这些孔道是排烟用的孔道，就更是如此。图5-59所示就是这种情况。当火化机满负荷操作时，排出的燃烧产物以极高的温度进入排烟道。如果有二次燃烧，那么温度会更高。横跨在排烟口上的砖块，是三面受热的，所达到的温度比正常的炉温要超出很多。在上述温度下，普通耐火黏土砖的蠕变强度是极其低的。因此，砖块在其本身重量及其上部炉墙的一部分重量作用之下，会逐渐沉降，从而使排烟口逐渐闭合。显然，只有最好的砖（如高铝砖或超高级砖）才能用在这种地方。如采用碳化硅砖块，可以得到令人满意的效果。

如果用一个拱来代替图5-59的砖块1，那么原来砖块1承受张力的情况就可以消除。但是，即使是一个拱，也会因多面受热和过重的上部荷重而发生沉降，除非使用的砖确实是最好的，而且是用高级的胶泥进行砌筑的。

有一种经过改进的设计，就是双层拱，见图5-60，其中上层拱承载上部荷重，下层拱只承载本身重量，同时还保护下层拱的底面，使之免于过热。使用结果非常满意。图5-61那样较厚的平拱，所起作用也与此相似。虽然砖的下端会因受热而软化，但其上部仍然能承受荷重。

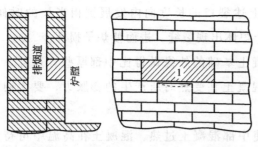

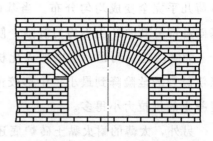

排烟道 炉膛

图 5-59　排烟口的砖块由于过热而沉降　　　图 5-60　排烟口上的双层拱

炉墙中还有一种容易引起故障的开孔，就是炉门口。炉门口上的拱有时也会崩溃而掉落到炉内。这种崩溃往往是由于火化机受到了机械性的损伤，如受到尸车的撞击。

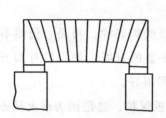

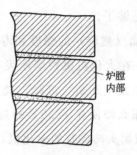

炉膛内部

图 5-61　厚的平拱（顶部和底部都是平的）　　　图 5-62　当耐火黏土灰浆脱落以后，
　　　　　　　　　　　　　　　　　　　　　　　　　　砖的棱角就暴露于炉温下

4. 用灰浆和胶泥保护炉墙和炉顶

砖的外形是不够规则的，往往在炉内使用一些时间后，会出现类似图 5-62 所示的情况，不过这个图为了说明问题而故意夸大了一些。砖的棱角有两面或三面承受着热量、水蒸气和其他的破坏作用，因此，棱角会因温度过高而熔化，或因加热过快而剥落，然后露出一层新的表面。砖体是用灰浆抹面的，这样可以弥补砖在外形上不规则的缺陷。制砖的原料是耐火黏土。既然砖的内部质点之间能够黏结得非常牢固，那么耐火黏土质的灰浆同样能使砖黏结得非常牢固。可是事实上，耐火黏土浆的黏结能力小得多。这是因为，砖是经过机器压制，又经过非常高的温度煅烧的，而灰浆并没有经过这种加工处理，因此，其黏结力或内聚力显然要比砖内质点小得多。黏结力在很大程度上取决于干黏土的成分和碾磨的粗细。廉价的灰浆会因烧化而流失，或只能起到干填料的作用，最终也要脱落。这两种情况都会使砖出现图 5-62 所示的状况。

上述两种情况最容易发生于承受高温和高载荷的地方，例如拱顶的炉内侧或较高炉墙的底部。因此，在这些地方，灰浆成了有害的填料。

在承受高温或重载荷的地方，最好在砌砖前先把干的砖互相磨一下，以便把不规则的地方磨掉；不然就得采用高级灰浆，而灰浆层的厚度要非常薄。

通常情况下都用冷凝固的灰浆，即用空气凝固的灰浆。火化机所用的这种灰浆，有的是由高质量的耐火黏土所组成，有的是由二氧化硅所组成，但任何一种都要加黏结剂，硅酸钠（即水玻璃）是一种通常采用的成分。

所谓"补炉胶泥"，是指那些涂刷或喷补炉墙或炉顶内表面所用的材料，按其用法也可称为"喷补料"。当炉温升得过快时，一部分砖会因崩裂而剥落，或因崩裂而突出，使原先平整的表面变得非常凹凸不平。虽然可以靠采取较慢的冷却速度和较慢的升温速度来避免出现这种情况，但在实际操作中，往往很难做到。

通常所用的工具是喷枪，这是因为，砖体崩裂后所产生的坑洼之处往往很深，用涂刷的办法是不行的。补炉胶泥通常由经过碾磨的耐火黏土和黏结剂所组成。各种补炉胶泥的适用条件最好通过试用予以确定。有时，在火化机里使用涂刷层，以便使火化机加速结成整块。火化机通常刷两遍水玻璃。

市场上有各种绝热胶泥出售，它们能忍受高达1540℃的高温，并且能良好地黏附在炉壁上。

5. 炉门

炉门应严密、轻便、耐用、隔热。绝大多数炉门都是升降式的。火化机中，只有取灰门等小门采用铰接式。

升降式炉门的金属框架必须有足够的强度和刚度，以便在加上了耐火材料的里衬以后，不致使里衬有碎裂的危险，并且在里衬受热而膨胀时能抵抗因膨胀所引起的翘曲趋势。为了尽可能减少热损失，耐火材料的里衬应该做得厚些，同时应该有良好的绝热性能；而门的重量又应小些，以便减少启闭时的摩擦力及惯性力。此外，炉门还必须能耐受从炉内溢出的热量作用。

如果炉温不超过870℃，炉门的设计和维护相对比较容易。这时，可以用捣制炉门，这种里衬的密度为 $800\sim960kg/m^3$，而热导率是致密耐火砖的 $1/4\sim1/3$。

炉门的整体里衬，当所受温度高达1040℃时，要用轻质耐火黏土砖碎块做骨料，而用铝酸钙（即矾土水泥）做黏结剂。这种混合料可以就地捣固，但更方便的是它还可以就地浇灌。

良好的炉门都是闭合严密的。当炉门的底部和顶部都有缝隙时，由于火化机大部分负压燃烧，外界冷空气就会从炉门的底部吸入，而炉内的热量也会从缝隙中跑掉。由此可见，严密的炉门能维持较长的寿命。

炉门的严密性部分取决于悬吊的方式是否正确。由于里衬会逐渐烧毁和剥落，很难使炉门一旦装好就始终都能关得很严密，所以要把悬吊装置做得可以调整。并且，这种调整并不是永久性的，而是要多次进行的。所以，火化机的炉门一般设计一个机构来保证它的严密性。第一种是采用压板，靠内外炉门自身重量，将炉门紧密地压在炉门框上；第二种是用导轨使内炉门紧密地贴在炉门框上；第三种是采用四杆机构，也能达到同样效果。

6. 火化机的构架

如果一个火化机要维持较长的寿命，就一定要用钢铁材料（或其他坚固的金属材料）包起来。火化机的构架所承受的外力可分为两类：一是由普通弧形拱的推力所引起的力；二是由直墙的膨胀所引起的力。火化机构架一般由角钢制成。

经计算，为抗拒外力作用，构架断面积必须做得几乎等于耐火砖断面积的 1/6，这在经济上是不可能实现的；必须留有膨胀缝，不然会使构架伸长到超过屈服强度。

在火化机的墙角部位，砖的砌筑情况阻碍着砖体的正常收缩，每次加热，墙角处都会有些砖凸出墙外，甚至整个墙角都会向外倾侧，构架的作用就是要限制这些移动，否则每次都这样移动下去，最后就会使火化机崩溃。

上述理由清楚地说明了火化机的墙角必须加以保护，而且还要夹紧。保护墙角用的角钢往往延伸到炉子的底下而构成炉子的腿架。纵向（即端部）的构架是与侧墙对正的，这样弯矩就可以减到最小。如果炉顶是个拱顶，那么下部拉梁就不得埋在排通风式炉底里。

如果那些支承拱顶用的拉梁和侧支柱都是刚性很好的，会发生下述三种情况中的一种（甚至全部）：一是拱顶上涨；二是拱顶的高温面受到弹性压缩；三是拱顶的高温面发生蠕变（即受到塑性压缩）。

7. 闸板

炉内的压力是靠可以调节的闸板来控制的，如果火化机是向下排烟的，闸板可以设在通向烟囱的地下烟道里。烟道闸板是一块直插在水平的主烟道里能够上下滑动的挡板。闸板的结构和材料必须与它所接触的最高废气温度相适应。如果废气温度不超过 700℃，那种加肋的闸板就很适用。这种闸板连肋一起共有 75mm 厚，是用高级球墨铸铁制造的。当废气温度高达 870℃ 时，这种闸板最好用低合金钢的铸件来制造。火化机广泛使用的烟道闸板是一种用耐火材料捣制成的，耐高温，抗腐蚀能力强，但强度和灵活性都不如金属闸板。

第二节 火化机安装工艺

火化机的安装工艺主要是指火化机的各个组成部分在安装时的一些技术要求，其中主要包括火化炉机体、风机、送尸车等装置的基础，火化机的骨架、外壳，进尸门，烟道闸板，砌体，风机、风管，自动控制系统、引射烟囱和进口燃烧器的安装要求。

一、火化机机体、风机、送尸车、引射装置的基础选择

首先，根据火化车间地形的具体情况，合理选择好烟道、火化机机体、风机、

引射装置的安装位置。如采用单向送尸车，轨道长度不得小于 4.5m，如采用双向无轨无拖线送尸车，预备室的长度在 3.9～4m。送尸车安装于火化机进尸门前和预备室内。整个安装过程中，必须严格按照施工图纸和工艺文件进行施工。基础面的平面度误差不能超过 $2/1000mm^2$。

二、火化机的骨架、外壳的安装技术要求

①基础应浇成整体，以免沉陷不均。基础材料及厚度应根据当地的地质条件确定。如果是新土层，应先检测是否夯实；即使夯实了也要加厚，一般要加厚 150mm。如属北方冻土层，未解冻时不宜浇基础。

②火化机本身骨架平行度不得大于 1.5/1000mm。

③不垂直度不能大于 1/1000mm。

④对角线偏差不能大于 3/1000mm。

⑤风箱安装对炉架的平行度偏差不能大于 1/1000mm。

⑥油泵安装的同轴度偏差不大于 1mm。

三、进尸门安装的技术要求

①两垂直链条的平行偏差不得超过 50/1000mm。

②炉门平面度偏差不能大于 $2/1000mm^2$。

四、烟道闸板安装的技术要求

①烟道闸板根据各殡仪馆车间的实际情况，决定安装的左右方向。在安装时，无论是手动还是自动，一律要求启闭灵活，关闭严密。至少要升降启闭 20 次，并调节到符合要求为止。

②烟道闸板的动滑轮与定滑轮安装时要垂直，误差不得大于 3mm。

③电动链轮及链条的安装误差不得大于 5mm。

五、砌体的技术要求

①砌体的材料要严格按照各档次火化机的规定，不得以次充好、以劣充优。

②根据火化车间地下水位的情况，必要时火化机基础下部、横烟道、外烟道均应有防潮措施或浇注防水层。烟道内绝对不允许潮湿，更不能出现积水现象，这是在施工中要特别注意的地方。

③火化机燃烧室的砌筑工作是至关重要的。要严格按照砖结构图进行砌筑，严禁无图纸施工或不按图纸施工。砌筑炉膛耐火砖时，灰浆应均匀地布满砖与砖的结合面，不得有空缺处。低档火化机的灰缝不得大于 3mm，中、高档火化机的灰缝不

得大于 2mm。需要砌筑断砖时，必须用切割机按划缝切割，并磨平后砌筑，严禁用泥刀砍成的砖。

④燃烧室耐火砖砌筑，必须使用耐火泥浆。所用的耐火泥浆必须与耐火砖的化学成分相同，只有这样灰浆与耐火砖的膨胀系数才相同。耐火泥浆的配比必须严格按工艺文件的要求进行。

⑤耐火砖层外的保温砖砌筑，必须用保温泥浆。保温泥浆的化学成分必须与所用的保温砖一致，严格按配方进行调和。

⑥耐火砖与保温砖层之间要紧压一层硅酸铝纤维板，因为耐火砖与保温砖的膨胀系数不同，不能直接相连接。

⑦调制耐火泥浆时，骨料（即耐火砂粒）的直径不允许大于 10mm。

⑧耐火砖和保温砖的砌筑，都必须由下而上一层一层地依次砌筑，严禁像建筑房屋那样先砌四角。尤其是砌筑保温砖层时，严禁乱填乱塞，要按砌筑耐火砖层的同样工艺要求进行砌筑。燃烧室内墙的砌筑要平直，禁止有生缝，拱顶砖或预制拱顶的连接处不得透火。油嘴座中心与喷油嘴管道的中心要平行、垂直。在出火口和出烟口转角处的耐火砖，必须切割成圆角并且磨合再砌筑。

⑨硅酸纤维板在安装时，必须采用搭接工艺。搭头宽度不得小于 23mm，搭接处要压紧，禁止有接缝的出现。

⑩燃烧室下的回烟道（出骨灰室内侧）设置可开闭的清灰口。燃烧室下的回烟道砌好后，如有缝隙，可用调制好的耐火泥浆进行填满，然后涂刷 3 次水玻璃。涂刷水玻璃时要均匀，不要过厚。

六、风机、风管安装的技术要求

①鼓风机应安装在风机房内或安装于地下。为了减少噪声，有条件的殡仪馆应将风机房远离火化车间 10m 以外；没有条件的地方，可将其设在火化车间内或墙外或地下。如装置在地下，应根据地下水位的情况，采取相应的防潮、防水和通风措施。中、高档火化机的鼓风机和引风机均应有防振垫和软接头，这是为了大幅度地降低由于震动产生的噪声。

②安装在地沟里的送风管，上面应有预制板进行覆盖，预制平板的强度基本应够承受人和重物的压力。风管接头，对接偏差不得大于 2mm，安装要牢固，不得有松动、漏风的现象产生。

③油管不得漏油，各控制阀门必须启闭灵活。

七、中、高档火化机自动控制系统的安装要求

①火化机主体与电脑之间要有有效的隔热层，确保计算机的工作环境温度低

于 45℃。

②反馈系统的各探头，必须按照施工安装图纸和工艺文件进行安装。

③控制器要严格按图纸和工艺文件进行安装。

④各设定值的输入要经过反复比较后，方可输入，以免造成误码率操作，或操作错误。

八、送尸车安装的技术要求

①如果是轨道送尸车，两条轨道的中心点应对准燃烧室的中心点，轨道水平偏差不得大于 2/1000mm；定位要准确，动作要灵活，机械传动声要小。送尸车的纵向中心燃烧室的砌面要垂直，而且与火化机的中心线的同心度偏差不得超过 2/1000mm。

②各电气设备的安装可按照一般工业标准，所有接头不能出现假接或松接的现象。操作间的控制按钮板应装于操作面边门板上，以便于操作。前厅的控制板应装于预备门的一侧。没有预备室的火化车间，控制板的设定位置以方便操作为宜，在不违反安装的原则下可听从用户的意见。

③对传动部分要反复进行调试，直到调节到最佳效果为止。调试时要负重调试，负载重量应略大于运行时的正常负载。

九、引射烟囱的安装工艺要求

①确保垂直度偏差不大于 1/1000mm。

②如是同一车间装置多台火化机时，各烟囱之间的平行度偏差不能大于 2/1000mm。

③烟囱外应涂油漆。

④引射装置和钢质低烟囱均不能出现漏烟、漏风的现象。

第三节　火化炉烘炉和烧结

由于新安装的火化设备或长期停用的火化设备，其砌体部分（炉膛、烟道、烟囱）都存在不同程度的潮湿，因此，在使用这些火化设备之前都必须进行烘烤，使之干燥，并按一定的常温曲线缓慢地将炉温升到额定温度，这一过程称之为烘炉。

火化设备在正式投入运行之前，还应对炉膛进行一次烧结。烧结的目的是使砌体的筑缝经高温硬化到一定的强度，这个强度就是要达到耐火砖的强度，使筑缝与耐火砖的膨胀系数一致。

下面将分别对火化炉的烘炉和烧结进行简单的介绍。

一、火化设备的烘炉

通过对火化设备的炉体部分进行烘烤，可以使设备砌体部分得到缓慢的干燥，使砌体之间的耐火水泥灰缝和未经焙烧的耐火水泥得到有效的焙烧，同时还能避免砌体开裂和剥落，增强砌体的强度，延长砌体的寿命。

火化设备的烘炉方法一般有以下两种。

1. 用木材、煤炭等燃料烘烤法

第一次点火烘炉，在3～4h内将炉膛温度从常温升到150℃后，恒温18～21h，就可熄火，让其自然冷却。熄火后要采取保温措施，以减缓砌体的冷却速度。

第二次点火烘炉，在3～4h内将炉温缓慢地升至150℃时，恒温4～6h；在5h内升温至350℃，恒温25～30h；再缓慢升温，在7～9h升温至650℃，恒温10～12h；再缓慢升温，这时可使用焚尸时所用的燃料（因为木柴很难升温到600℃以上），用8～12h的时间，将温度升至900℃，并恒温25～30h后，采取保温措施再熄灭火，使炉膛内的温度在保温条件下缓慢降温，至此，烘炉工作全部结束。

其具体操作过程如下。

①详细检查砌体有无异常情况，然后在架尸砖座上安放临时炉条，将木材放置其上，关闭烟道闸板炉门和风门油阀。

②打开烟囱底部的清灰门，投入少许木材，点火后关闭炉门，等烟囱产生抽力后，升起烟道闸板（此时炉膛内应有负压）。如烟囱采用引风机或喷射式引风机排气装置，则可省去这一步骤。

③开启前炉门，引燃炉内的木材，关闭炉门，从看孔中观察炉内燃烧情况，调整烟道闸板，让炉温缓慢上升。经过3～4h升至150℃，恒温24h左右，然后逐渐撤火冷却。

④待炉温下降至30～40℃时，打开炉门，进炉检查炉内各部分有无异常情况，然后清扫炉内的积灰，涂刷水玻璃。

⑤稍等干燥后，再按前面的步骤点火升温，经过10～12h使炉内的温度升高到350℃左右（每小时升温不得超过35℃），恒温25～30h。待其砌体完全干燥后，再经过8h将炉温升至600℃（每小时升温在30℃左右），此时用来升温的燃料可采用焚尸时所用的轻柴油，因木材无法达到升温到600℃以上的要求，恒温12h后，再将炉温升高至850℃左右，恒温24h后停火。关闭烟道闸板，经过缓慢冷却，清除炉渣并检查炉膛内无异常情况方为合格。

2. 电炉烘烤法

用27kW的三相电炉接成Y形并绕在铁架上，架设于炉中架尸砖上，并用控制台上的温度控制仪控制接触器来调整炉温，经过6～8h后，使炉温上升至150℃左右，恒温24h，然后停电冷却。约12h后，炉温降至室温时，撤出电炉，检查炉膛内有无异常的情况，再涂刷一次水玻璃，然后再用电炉烘烤至350℃，保温2～7天，再经4h后，升温至450℃以上，撤出电炉，即可用喷油嘴点火燃烧至600℃，恒温4h后，再缓慢冷却至室温时，检查炉内无异常情况后，方为合格。用此种烘炉方法，清洁简便，既可靠又质量好。

以上两法可根据实际情况任选一种。在烘炉过程中，应注意详细记录每个阶段的数据，以备总结和检查。

二、火化炉的烧结

火化设备在正式投入使用前，应对炉膛进行一次烧结。

火化炉的烧结工作既可单独进行，也可与烘炉一起完成。火化炉在进行烧结前、后，均要对炉膛内的砌体表面涂一次水玻璃。

1. 烧结前的准备工作

烧结前必须对火化设备进行一次全面的检查，检查内容包括：

①检查砖结构、预制件结构在烘炉后有无异常情况，如有异常情况，必须先做相应的处理；

②检查各种仪表、电器动作是否正常；

③将烟道闸板关严后，观察炉膛内的压力是否降到零位，否则，需做调整；

④检查风阀、燃料阀是否灵活，风路、燃料管道是否畅通，有无泄漏等现象。

2. 烧结的具体操作步骤

①打开烟道闸板，观察在引风机启动后，炉膛内的压力是否在-3～-30Pa范围内变化。没有引风装置的火化设备，依靠烟道和烟囱的自然抽力，在打开烟道烟叶板后，只要出现微负压即可。

②按点火注意事项进行点火，调整烟道至最佳位置，保持炉膛内的燃烧始终处于微负压下进行。

③点火后，待火焰稳定，即可逐渐加大油门和风门，均匀地使炉温升温，每小时升温在200℃左右为宜，经过5h后使炉温升高到1000℃。

④炉膛升至800℃时（空炉升温至1000℃比较困难），可采取在炉膛内加木柴或木炭的措施，使燃烧器的燃料和添加的固体燃料有效地达到烧结的额定温度。

⑤当炉膛温度升至1000℃，恒温1.5h后，逐渐降低燃料和助氧风的供量，使炉膛内的温度缓慢下降。当炉膛内的温度降至750℃时，熄灭火保温，让其自然缓慢冷却。至此，烧结工作完成。

三、焚尸试验

当火化设备通过烘炉和烧结后，其砌体结构基本已达到了正常工作的要求，但在正式使用之前还要对其进行焚尸试验，以检查其焚尸的效果如何。

试烧的具体操作如下。

①先点燃二次燃烧器，使主、再燃烧室内的温度升到600℃以上，然后点燃喷油嘴，使炉温进一步升至800℃以上，此时即可准备进尸试烧。

②进尸准备　将遗体安放在送尸车上，火化机控制台及车上的主令开关均置于自动位置。关闭各风、油门，按进尸按钮，炉门即自动打开，烟道闸板自动提起，运尸车即伸入炉内，并自动打开翻板，将遗体放落在炉内架尸砖上，然后送尸车自动退回，炉门自动关闭，运尸的翻板也自动复位。

③焚烧操作　进尸后遗体即着火燃烧，并产生大量的气体，此时不宜供油，否则将迫使燃烧不充分，从而产生大量的烟气，烟囱即冒黑烟。遗体在燃烧时，其风、油的供量，可根据前面所学的知识进行适量供给。当遗体焚化完毕后，可将骨灰扒至炉膛后端，用小油嘴焚化，直到完全焚化完毕，即可用冷风降温后退出炉膛，此时，应检查骨灰的焚化质量，达到要求，方告合格。

火化设备通过砌筑、烘烤、烧结及试烧合格后，即可投入正常的火化工作。

思考与练习

1. 怎样正确选择火化机炉膛？
2. 火化机的安装工艺包括哪些？
3. 正确的筑炉方法有哪些？
4. 什么是火化炉的烘炉？为什么要进行烘炉？其方法有哪些？
5. 什么是火化炉的烧结？为什么要进行烧结？其步骤有哪些？

第六章　火化机日常保养和维修

学 习 目 标

①了解火化设备日常保养内容，掌握平板式、台车式火化机日常保养程序。

②了解火化机一般常见故障现象和故障排除方法。

第一节　火化机日常保养

一、火化机一般日常保养

为了确保火化机的正常运行，保证设备完好，日常保养工作十分重要。这项工作做好了，可以减少故障，有效地延长火化机的使用年限，延长大修的周期，节省开支，增加收入。

课件-火化机
日常保养

火化机的日常保养工作主要包括以下几个部分。

①每个班次都要认真检查电机、风机、齿轮、链轮、减速器等是否正常；检查油管、风管有无泄漏或滴漏的情况。如发现问题，及时处理，不能拖延，不能带"病"运行。

②经常检查下排烟道有无积水或潮湿，有无异物堵塞。经常检查上排烟道的漏风情况，发现问题，及时处理。保持下排烟道的干燥，上排烟道不超过5％的漏风率。

③电机、风机、减速器、分风管、仪表、电脑等，严格按照"产品说明书"的要求进行保养。

④各电路要经常检查安全情况，各接地、各保护器要经常检查，特别是各易损、易坏零件的完好情况要经常检查，做到心中有数。

⑤行程开关只要有一点偏差，就要及时校正。

⑥各螺栓每7天拧紧一次。

⑦各传动部位，每7天加一次适用的合格的润滑油。

⑧钢丝绳每月要涂一次石灰粉。

⑨再燃烧室每月要清灰一次。

⑩砌体一定要避免送尸车或钩耙的碰撞，特别是带厚木棺火化，木棺一定要在送尸车上定好位置，不能出现碰撞和摩擦砌体现象。

⑪有换热器的火化机，每月要清灰一次。

⑫有电除尘器的火化机，一定要按规定进行振打，及时收尘。

⑬ 火化机的外壳或外装饰，每天要进行擦净一次。如工作需要卸下扣板时，不能乱丢或踩踏。

⑭ 火化机的风管、燃料管，每年要按原色油漆一次。

⑮ 各操作门、清灰门、各外露的铸铁件，每半年涂刷一次黑油漆。

⑯ 上排烟道的火化机，上排烟道禁止任何碰撞，管外要涂刷两次高温防锈油漆。

⑰ 有后烟气净化处理的火化机，要及时处理渗漏水和积水。

⑱ 电气柜、控制台、程序器、仪表柜、线路板、电脑和各电气元件，要做好防潮湿、防高温和防积灰的工作。

⑲ 装有电除尘器的火化机，要及时清除瓷瓶和绝缘板上的积灰，防止受潮，防止产生爬电现象。

⑳ 高压电缆要有护套和套管。

㉑ 对电的使用要严格注意"削峰"，严禁多台电机同时启动。

㉒电脑控制系统或高压硅整流装置出了故障，不能自行拆卸，要及时与生产厂家联系，由生产厂家派专人进行处理。

二、平板式火化机的保养

（1）常规保养

平板式火化机应经常进行保养。每周保养项目包括：检查进尸炉门下有无异物，检查尸车有无异常现象，检查炉膛底板情况，检查热电偶的情况；清扫电气控制柜，清扫火化主燃烧室，清除火化时的金属残留物，如铁钉、螺钉等。

火化1500具左右遗体后应进行保养项目：清扫主燃烧室里炉墙、炉拱，清除主燃烧室、再燃烧室烟气通道里的灰渣；清扫火化机内部的耐火通道，拆下盖板，打开火化机底部的四个清灰口，清除所有盖板下面的积灰和耐火材料上剥落的疏松物质，扒出所有堆积在通道口积灰物，然后用工业真空吸尘器吸去所有余留的物质；检查清灰口盖板的密封是否严密，如密封不严，应更换盖板的硅酸铝纤维。

检查二次助燃风管是否工作正常，清理各助燃风管口；检查热电偶保护套管损坏情况，如有损坏应立即更换。

检查炉门及送尸车，链条及导向件加润滑油，减速机应加机油，各电机轴承亦应加黄油。

拆下主燃烧器和再燃烧器点火电极，检查绝缘瓷件是否破损，如有损坏应更换新件；如无损坏，应将点火电极清洗干净后装好。

（2）定期保养

平板式火化机在正常保养的情况下，每火化3000具遗体后需做一次全面的检查保养。其检修内容包括以下项目。

①送尸车的保养　打开送尸车的前板，检查减速器是否缺油、漏油，如有漏油现象应找出漏油部位，修复封口并重新加满润滑油。检查棘轮是否有磨损、断齿和变形，如有问题应及时更换。检查导向链条是否松动，如有松动应立即固定。检查三排传动链松紧情况，如发现过松或过紧应及时调整。检查小车履板是否有变形现象，如果有变形或损坏，应及时更换。检查固定小车轴承与小车的间隙是否合适，如发现间隙过大或过紧，应立即调整。

②炉门的保养　取下前立架顶部的不锈钢罩，检查炉门上下限位开关安装是否稳固，触点是否正常；检查炉门在全开或全关时，炉门限位开关的位置是否贴在撞块的中间部位，如有变化应进行调整。检查炉门传动链条的连接情况，加注润滑油。检查链条的松紧程度，如过松或过紧，可通过调整电机安装位置，调节传动链条的松紧。关闭炉门，检查炉门与主燃烧室之间密封是否严密，如有缝隙，应及时修复。

③主燃烧室的保养　打开炉门进入主燃烧室，全面检查耐火材料的损坏情况，特别要注意排烟道口周围耐火材料的情况，清除沉积在耐火材料上的松软附着物质。检查主燃烧室绝热层的情况，如有破损，即时修复或更换。用人工转动鼓风机叶片，按顺序打开各气阀，检查主燃烧室内的每个助燃风口是否都能产生不间断气流。这种方法亦可检测引射风机工作是否正常。

检查主燃烧室炕面是否有明显的高低不平或断裂之处，如有问题应及时更换炕面。更换炕面要待炉膛冷却后，用工具把炕面的第一层平板撬起，然后清扫干净，再用耐火泥把新平板一块一块对齐、垫平，待干燥后即可使用。检查炉墙或炉拱是否有明显的脱落现象，下火口是否有明显的变形，如有应把炉墙和炉拱拆掉，用新耐火砖和耐火泥按原来的形状砌筑好，但侧面和后面的保温和隔热层可以不破坏。在重新砌筑炉墙和炉拱时，如发现助氧风管已坏，应重新更换。

如果是炉条炉，发现炉条断裂或明显脱落，应待炉膛冷却后，把已坏炉条清除掉，炉内清扫干净，然后把新炉条按原来位置装好放平。

④烟道闸板的保养　火化机上的烟道闸板一般位于烟囱附近或火化机的侧面，如果烟道闸板是在火化机的外侧，为便于检修其控制性能，应先取下火化机的外盖板，检查闸板及链条情况。看看闸板是否能自由活动，链轮和转轴是否已被卡住，检查耐火闸板接槽口的连接情况，确保闸板耐火砖的自由活动没有障碍，平衡平滑，如有问题应及时修理或更换。升降闸板到上下限位，检查闸板上下位的限位开关动作是否正常，当闸板耐火砖处于最低位置时，确保它不是全部关闭，而要在闸板座和由耐火材料建成的通道之间留有 10～60mm 的空隙。清除所有积灰和闸板周围的耐火砖屑。

⑤风机的保养　打开风机，检查叶片、轴、轴承座和轴承有无损坏或变形。为确保鼓风机的安全性，还要检查接合处是否有漏缝。在风机运行时，检查是否有异常震动和异常响声。

⑥预备门的保养　检查预备门的传动机构是否正常运行，上下轨道有无杂物，定时清洗。

三、台车式火化机的保养

（1）常规保养

台车式火化机应经常进行保养。

每周保养的项目包括：检查进尸炉门下有无异物，检查送尸车有无异常现象，检查主燃烧室炕面及测温热电偶的情况，如有问题应立即解决，清扫电气控制柜，清扫台车轨道下掉落物及飘尘等。

台车式火化机每使用 3 个月应进行以下项目的保养：清扫主燃烧室里炉墙、炉拱，清除主燃烧室、再燃烧室烟气通道里的灰渣。打开火化机炉体上预设的四个清灰口，清除里面的积灰和耐火材料上剥落的疏松物质，用工业真空吸尘器吸去所有其他余留的物质。检查清灰口盖板的密封是否严密，如密封不严，应更换密封盖板的硅酸铝纤维。

检查二次助燃风管是否工作正常，清理各助燃风管口。检查热电偶保护套管，如有损坏应立即更换。

检查炉门及送尸车，各电机轴承、链条及导向件加润滑油，减速机应加机油。拆下主燃烧器和再燃烧器的点火电极，检查绝缘瓷件是否破损，如有损坏应更换新件；如无损坏，应将点火电极清洗干净后装好。

（2）定期保养

台车式火化机在正常保养的情况下，每火化 2000 具遗体后需做一次全面的检查保养。其检修内容包括以下项目。

①台车的保养　检查台车炕面是否有明显高低不平或断裂之处，如有问题应及

时更换。更换炕面要待炉膛冷却后，用工具把炕面的第一层平板撬起，然后清扫干净，再用耐火泥把新炕面砖一块块对齐、垫平、砌好，待干燥后即可使用。

检查台车减速器是否缺油、漏油，如有漏油现象应找出漏油部位及原因，修复封口后重新加满润滑油。检查棘轮是否有磨损、断齿和变形，如有问题应及时更换。检查导向链条是否松动，如有松动应立即固定。检查传动链松紧情况，如发现过松或过紧应及时调整。检查固定小车轴承与小车的间隙是否合适，如发现间隙过大或过紧，应立即调整。

②炉门的保养　取下前立架顶部的不锈钢罩，检查炉门上下限位开关安装是否稳固，触点是否正常。检查炉门在全开或全关时，炉门限位开关的位置是否贴在撞块的中间部位，如有变化应进行调整。检查炉门传动链条的连接情况，加注润滑油。检查链条的松紧程度，如过松或过紧，可通过调整电机安装位置，调节传动链条的松紧。关闭炉门，检查炉门与主燃烧室之间密封是否严密，如有缝隙，应及时修复。

③主燃烧室的保养　打开炉门退出送尸车，进入主燃烧室，全面检查耐火材料的损坏情况。特别要注意排烟道口周围耐火材料的情况，清除沉积在耐火材料上的松软附着物质。检查主燃烧室绝热层的情况，如有破损，即时修复或更换。如果炉墙或炉拱有明显的脱落现象，下火口有明显的变形，则应把炉墙和炉拱拆掉，用新耐火砖和耐火泥按原来的形状砌筑好，但侧面和后面的保温和隔热层可以不破坏。在重新砌筑炉墙和炉拱时，如发现助氧风管已坏，也应重新更换。用人工转动鼓风机叶片，按顺序打开各气阀，检查主燃烧室内每个助燃风口是否都能产生不间断气流，如有堵塞或损坏，应即时修复或更换。

④烟道闸板的保养　检查烟道闸板及链条情况。看看闸板是否能自由活动，链轮和转轴是否已被卡住。检查耐火闸板接槽口的连接情况，确保闸板耐火砖的自由活动没有障碍，平衡平滑，如有问题应及时修理或更换。升降闸板到上下限位，检查闸板上下位的限位开关动作是否正常。当闸板耐火砖处于最低位置时，确保它不是全部关闭，而要在闸板座和由耐火材料建成的通道之间留有 $10\sim60\mathrm{mm}$ 的空隙。清除所有积灰和闸板周围的耐火砖屑。

⑤风机的保养　打开风机，检查叶片、轴、轴承座和轴承有无损坏或变形。为确保鼓风机的安全性，还要检查接合处是否有漏缝。在风机运行时，检查是否有异常震动和异常响声。

⑥预备门的保养　检查预备门的传动机构是否正常运行，上下轨道有无杂物，定时清洗。

⑦电气控制系统的保养　检查各部分电线是否老化，如有老化就及时更换。检查各传感器是否有用，如没用就更换。检查各继电器是否有坏的，如有应及时更换。检查电脑、控制器的功能是否正常，如不正常应及时调整。

四、火化设备检修保养记录

火化设备是火化间的核心设备，遗体火化师在日常的使用过程中，应经常检查维护保养。日常检查保养的主要内容包括：燃烧系统及燃烧工况；风油管道及其附件；炉温、炉压、电流、电压、油压、油量等是否在规定范围内；安全保护装置、电控系统和仪表是否灵敏可靠；炉膛砖结构耐火材料有无损坏；炉门、烟道闸板、送尸车等是否润滑正常，启闭灵活；烟道是否通畅等。

火化设备的运行状况好坏及使用寿命的长短与保养维护工作关系很大，同样的火化设备有些地方用了十几年仍然运行良好，外观一尘不染，有些地方用一两年就故障频出，肮脏不堪。所以保养工作应坚持每天进行，保养项目应包括表6-1中所列的整齐、清洁、润滑、安全四部分十个项目。当班操作人员应每天对火化设备进行两次检查，上、下午各检查一次，检查结果及查出问题和处理情况应及时填入检查记录表或运行记录表。火化车间负责人应每周做一次设备的现场检查，并为保养维护情况评定分数。火化设备使用单位应对设备安全工作定期检查，主管领导应对火化间每月做一次现场检查。

表 6-1　火化设备日常检查保养记录

项目	主要检查内容	标准分数	实际评定分数				
			第一周	第二周	第三周	第四周	全月
整齐	操作部件及标示牌齐全						
	工具、设备附件放置整齐						
	风油管道及电气线路整齐						
清洁	送尸车导轨、送尸车履带、翻板无烟熏痕迹、丝杆、齿条、操作台等均无油污、无碰伤、无锈蚀						
	无漏气、漏水、漏油现象						
	设备内外清洁，无灰尘，漆或不锈钢装饰面见本色，设备周围无积存的垃圾						
润滑	润滑油路畅通，加注油器具清洁齐全						
	按时加油换油，油质符合要求，油标明亮，润滑良好						
安全	防护装置齐全可靠，无漏电现象						
	实行定人定机，认真填写交接班记录，遵守安全技术操作规程						
	总分						
	评定等级						
备注			定级说明	优　　等：总分在90分以上 良　　好：总分在80～89分 及　　格：总分在70～79分 不及格：总分在70分以下			

火化设备应进行定期或不定期的维修，维修分大、中、小修三类，小修可随时进行，有时也可不需要停炉，按具体情况做修理工作。中修一年一次，包括清理烟道积灰，修补、更换炕面砖，修理电气设备和附属设备，修理、校验仪表等。大修无规定年限，应根据具体情况而定，如果平时小、中修及时，并且修理质量好，大修可几年或十几年进行一次，火化机大修后应达到火化机通用技术条件的一切技术要求。

第二节　火化机维修与常见故障处理

一、火化机的中修和大修

当火化机使用一段时间后，要进行中修和大修工作，其主要作用是为了加强和保证火化机的整体运行效果，保障火化机各部件的完好，以提高工作的稳定性。同时通过中、大修工作，还可较彻底地检查各工作系统的损坏情况，以便及时更换损坏的元件，确保火化机工正常运行。

课件–火化机常见
故障的维修

1. 中修

每台火化机在焚化 5000 具遗体后，一般应中修一次。

中修的具体内容如下：

①更换或修补已损坏的耐火砖、预制件、架尸座（炉长或平板），并涂刷水玻璃或耐高温涂料；

②检修或更换易损坏件；

③检查检修各电机、减速器、各轴承座与轴承和传动部件，并更换润滑油；

④检修或更换燃烧器的烧嘴，检查各敏感元件的位置是否恰当，反应是否真实；

⑤燃烧器中的元件需要更换的必须更换；

⑥检修内外炉门、烟道闸板和滑道，更换已损坏的炉门、烟道闸板和滑道；

⑦全面检修送尸车，更换损坏件；

⑧检查检修电器、电路，更换失灵和老化的元件；

⑨全面检修预备门的传动装置（如链条、齿轮等）；

⑩清理烟道口，清除烟道的积灰或异物，清除送风管和烟道口的结渣。

中修后，要重新进行烘炉、烧结和试运行。一切正常后，方可重新投入使用。

2. 大修

从火化机投入使用时算起，每焚化 10000 具遗体后要进行大修一次。

大修的内容一般如下：

①更换所有耐火预制件；

②重新砌筑所有的砌体；

③更换炉门、耐火材料；

④更换或检修烟道闸板和滑道；

⑤调整传动装置、行程装置、限位装置的位置或间隙；

⑥彻底清除烟道积灰和异物；

⑦其他内容与中修相同。

大修后要按新炉的程序进行烘炉、试烧后，一切正常方可投入运行。

二、火化机的常见故障及排除方法

1. 防止燃爆对砌体破坏的措施

①在炉体上装置防爆阀　一旦发生燃爆，强大的压力在瞬间将冲开防爆阀，从而减少燃爆对砌体的冲击力和张力，减轻了对炉膛的损坏程度。

②配备火焰监测器　火焰监测器能准确地测出炉膛内的火焰和燃烧器的火焰强弱与有无。如果火焰不存在或突然中断，它能在瞬间切断电磁阀，以断绝燃料继续进入炉膛内，确保安全。

③配备安全切断阀　安全切断阀可以准确有效地控制燃料。当燃料压力、空气压力、电压出现不正常时，安全切断阀能在瞬间立即动作，防止燃爆的发生。

④在大口径管道上设置防爆口　所谓防爆口，就是在大口径管道上开一个圆口，再装上容易破坏的金属薄片，当燃烧室或管道内发生燃爆时，防爆口的金属片会立即被冲破，从而管道内压力骤减。也就是说以局部定位的被破坏换取整体的不受影响。

2. 炉温过高的原因及解决办法

①由于仪表失灵或探头的位置不当而造成的假高温，并非炉膛的实际温度。首先检查探头位置是否正确，再看探头是否老化损坏，最后看仪表是否失灵，位置不对要重新放置，探头或仪表损坏失灵则予以更换。

②由于供燃料或供氧过多而使炉膛温度过高。这种情况要减少燃料和助氧风的供给，或者暂停燃料供给，只给适当的助氧风，使遗体自燃。

③由于遗体脂肪过多而造成的炉温过高。这种情况要减少燃料和助氧风的供给，或者暂停燃料的供给，只供给适当的助氧风，使遗体自燃。

④如果一台火化设备，在一天中焚化10具甚至更多的遗体，必然会出现炉温过高的情况。这种情况，必须少供给或暂停供给燃料，利用炉膛内高温，使遗体在高温下自焚，但要确保遗体自燃的助氧风必须充足，这样既解决了炉温过高的问题，又节省了燃料，节约了成本。

3. 炉温明显下降及解决办法

①如果是炉膛负压过大，必然会造成热损失过多，致使炉温明显下降，即使加强燃烧，炉温也很难升上去。这种情况，应及时将烟道闸板下降到合适的位置，有的火化机可控制引风机的转速，使炉膛压力保持微负压就可以。

②如果是燃料供给不足，则应加大燃料的供量；如果是供氧太多，则应减少助氧风的供量。

③如果气体燃料压力不够而出现火焰长度不够、刚度不足，则应使气体燃料的压力符合工况要求。

④如果是仪表失灵或探头位置不当造成的假象，则应重新调整探头的位置或更换仪表。一般来说，仪表不真实反映炉膛的温度，只有通过观察炉膛内燃烧情况和火焰的温度才可看出。

⑤如果是热电偶失灵，则应更换热电偶。必须说明：热电偶是消耗品，一般使用6个月就可能失灵，称之为热损失，即使是耐高温的热电偶，其使用寿命也只有1年左右。

⑥如果是肝腹水死亡的遗体，腹部烧破时，大量的尸水将流出，会造成炉温骤减。这种情况，只要强化燃烧，炉温自然会很快回升。

⑦如果是冷藏较久的遗体，遗体的吸热大于普通的遗体，遗体燃着后参与燃烧也不及普通遗体，所以造成炉膛的温度偏低，这主要是遗体的原因所造成，并不是设备的原因或操作的原因。这种情况，采取强化燃烧的同时，注意不要使炉膛的负压太大。

4. 遗体焚化过慢的原因及解决办法

通常的情况是：瘦的遗体比胖的遗体难烧；冷冻遗体、肝腹水遗体比普通遗体难烧；体力劳动者遗体比脑力劳动者遗体难烧；老年遗体比中青年遗体难烧。这里所讲的"难烧"，是指焚化时间要长些。

①如果属于特殊遗体（干瘦遗体、水分过多的遗体或冰冻过久的遗体都属于特殊遗体），应加大燃料和助氧风的供量，强化燃烧，加速焚化的进度。

②因燃烧室出现正压而造成燃烧缓慢，则应升高烟道闸板，直到出现负压或控制引风机的转速，并注意燃料和助氧风的配比。

③如果是由于炉门无法关严或砌体损坏漏气的原因，则要检修炉门滑道和执行机构，修复砌体。

④如果是火焰暗红、温度下降，则必须确保足够的空气过剩系数。

⑤如果是操作不当，则应按前面章节所讲的操作方法操作。

5. 出现炉门过热或烟罩过热的原因及解决办法

①如果是炉门关闭不严，出现漏烟、串火造成的，临时措施是提升烟道闸板，

增大炉膛内的负压，焚尸结束后，要查出原因，及时进行检修。

②如果是燃爆等原因造成的炉门滑道的变形，则应将滑道修好，使炉门复位。如果损坏严重，则应更换。

③如果是因燃爆使烟口松垮或部分塌落，则应该停炉清理、修复。

6. 炉体多处冒烟的原因及解决办法

①如果是燃烧室压力控制失效造成的，先要查出控制失效的原因，才能采取相应的办法。如果是烟道闸板升降不灵活，则很可能是烟道有塌陷或堵塞的情况，对于这种情况，应清除烟道的异物并进行修复或更换。如果是滑道变形造成烟道闸板升降不灵活，则要进行校正或修复。

②如果是抽力不足造成，则要查出引风机或高烟囱的自然抽力不足的原因。上排烟道常用的办法是捉漏。如通过捉漏的办法仍不能解决问题，则要检查烟气处理装置是否有故障产生的应力过大，或者是活性炭受潮湿形成阻力过大。如果上述原因都不存在，则要考虑更换功率更大的引风机。下排烟道常用的办法是清除积灰，更换和修复塌陷。

③如果中砌体有裂缝或是外壳有破损，就必须停炉进行检修。

④如果是供风量过大造成的，则应恢复合理的空气过剩系数。

⑤如果是烟道积灰过多或有更换造成的，则应停炉检修。

⑥如果是烟道积水，减少了烟气通过的面积，影响了烟气的畅通，则应及时排除烟道中的积水。

7. 燃烧器不能点燃或点燃后不能稳定燃烧的原因及解决办法

①如果是燃油中有水，则应清除水分。

②如果是可燃气体的压力不够，则应使可燃气体的压力达到设备的工况要求。

③如果是燃料管道堵塞，则应排除堵塞。

④如果是喷嘴、针阀、储油器、电磁阀堵塞，则应排除堵塞物或更换。

⑤如果室温过低，燃油凝结，则应改用适合的低气温的燃油。

⑥如果是燃烧器喷嘴雾化效果不好，则应检修或更换。

8. 燃烧过程中，火焰中断（突然熄火）的原因及解决办法

①油路堵塞、控制阀失灵或堵塞、储油器堵塞，则应检查供油系统和零部件，能修理的则进行修理，不能进行修理的则要及时进行更换。

②油罐缺油，则要使油罐中保持应有的油量。

9. 鼓风机在运动过程中出现声音异常和异常的振动的原因及解决办法

①轴承损坏、轴承流动体或保持架被磨损。这种情况一旦出现，必须及时更换，不能带"病"运行。

②轴承发生干磨现象，则要加注符合要求的润滑油。

③鼓风机叶片质量差或叶片松动、平衡不好，出现周期性振动，发出节奏性声响。这种情况，要立即停机检修。

10. 风压不够的原因及解决办法

①鼓风机的进口处吸附了异物，堵塞了进风口，导致进风口截面积变小而造成压力不够。这时及时清除吸附物即可。

②叶片松动，紧固失灵，及时检修。

③管道漏风，要及时捉漏。

④阀门失灵，及时检修或更换。

⑤风口堵塞，及时清除。

11. 各风管、风路的风压、风量不足的原因及解决办法

①如果是鼓风机故障，要及时进行修理。

②风路、控制阀损坏或漏风，必须检查修理或更换零件。

③各管道有堵塞或破裂情况，应及时清除堵塞或更换破裂风路。

12. 供风管不供风的原因及解决办法

①风阀堵塞，要及时检查修复。

②炉内风管出口被异物堵塞，要及时清除，保持其畅通。

③鼓风机故障，要及时检查修复。

13. 入尸时炉膛供风口不停风的原因及解决办法

①主风管电磁阀失灵，要及时查明原因，进行修理或更换。

②手动阀门失灵，要及时进行修理。

14. 送尸车紧滞或定位不可靠的原因及解决办法

①运行件不光滑而影响动作或车体变形或卡锁磨损严重所致。这种情况，要及时校正变形部位，磨去毛刺，加润滑油，检修或更换卡锁弹簧。

②皮带或链条过松，致使皮带或齿轮空转打滑。这种情况，应换皮带或调整间距，紧固链条。

15. 电机过热的原因及解决办法

①隔热保护元件失灵，需检查更换。

②电机轴承损坏，更换轴承。

③如伴有焦臭味，则说明线圈烧坏，需要更换线圈或重绕线圈。

16. 排烟风阀或小油嘴启动、停止时间不准确的原因及解决办法

①由于时间继电器计时不准确，需进行调整、修理或更换。

②继电器的接触失灵，需进行修理或更换。

③接头松动，需进行紧固。

17. 电动炉门或烟道闸板提升时自动滑落的原因及解决办法

①电机刹车环过松所致。发生这种情况，应及时停机进行检查，打开电机盖后，将刹车环调整到合适的位置。

②炉门配重太轻，应将配重加到合适的重量。

18. 遗体入炉时，炉前冒出大量黑烟的原因及解决办法

①排烟蝶阀没有打开所致。检查蝶阀是否失灵或卡死，如是此原因所致，则应及时进行修复更换。

②排烟管道或炉膛出烟口堵塞所致。这种情况，要及时进行清理排除，使烟道畅通。

③蝶阀位置不正确所致。重新调整蝶阀的翻板位置，并将蝶阀的开合位置调整到能全开、全闭的位置。

④燃烧室负压太小。增大负压，进尸时负压可调整至－100Pa。

19. 机械、电气动作不灵活的原因及解决办法

①电气线路故障所致。检查并排除线路故障。

②机械故障所致。检查并排除故障。

20. 电除尘器的电压升不到额定的要求的原因及解决办法

①阴极振打绝缘板积灰，产生爬电现象。用干布擦净、擦干绝缘板。

②终端接线盒积灰、受潮。擦干、擦净管系设备。

③变压器瓷瓶积灰或受潮。擦干、擦净。拭擦时要先断电源。

④阳极板或阴极板变形，造成间距不均匀所致。这种情况应停机校正，并找出导致阳极板和阴极板变形的原因。

⑤高压硅整流器出了故障或集成线路板出了故障。这种情况，操作人员不要拆修，要及时与生产厂家进行联系，由生产厂家派人进行修理。

21. 引风机引力不足的原因及解决办法

①烟道及烟气处理装置的漏气率大。进行捉漏处理，减少漏风率。

②除臭器活性炭层受潮，使阻力增大。这种情况要晒干活性炭。如活性炭受潮湿严重，已呈泥状，则要更换活性炭。

③引风机叶片松动或变形，出现这种情况要停机进行检修。

④烟道、管道、各烟气处理装置连接处有积灰或异物，要及时进行清理。

22. 全自动控制系统失灵的原因及解决办法

①启动不了，因为没有接到信号。这种情况要停机进行检修。

②启动过程中程序中断，因此没有接到信号。遇到这种情况，为了使殡仪馆的服务不中断，可先一方面改为手动操作，另一方面与生产厂家进行联系，由生产厂家派专人进行修理。

③因无空气压力信号而锁停。因火焰线路程序失常而锁停，由于意外、漏油等

情况而造成火焰中断、紫外线光管失灵等锁停。这些情况，均需生产厂家派专人进行检修。

④计算机集成电路板出了故障。进行更换。

⑤模拟板出了故障。进行更换。

⑥数字板出了故障。进行更换。

自动控制系统出了故障后，如要保证殡仪馆的正常工作，可先切换成手动操作，待自动控制系统修复后，再切换成自动操作。

数显控制板，在不合规范的操作情况下，它将不能接收正确的指令。

⑦如是电源出了问题，要及时查明原因，进行排除。

值得注意的是，如果火化设备出了问题，殡仪馆能进行处理、修复的，则可自行处理；自己处理不了的，切不可乱拆乱动，否则会人为地将故障扩大，此时应及时与生产厂家进行联系，由生产厂家派专人进行修复。

23. 火化机常见故障产生的原因及解决办法简表

序号	故障现象	产生原因	解决方法
1	点火时不能引燃，火焰时断时续	①油路堵塞	①清洗油路
		②油冷冻凝固	②油管加热，选用适应低温的燃油
		③油中有水或空气	③松动喷油嘴管接头，排除污水或空气
		④排烟道不畅通	④清除烟道尘灰，如烟道积水应排除
		⑤油针堵塞	⑤排除堵塞或更换
		⑥风、燃料比不恰当	⑥调整风、燃料比
		⑦引风量过大	⑦调整烟闸启闭程度
		⑧自动燃烧器有故障	⑧按产品说明书检查排除
		⑨自动烧嘴点着后立即熄火	⑨检查火焰推测器
2	炉温过高	①燃料供量大	①减少或停止供燃料
		②温度表失灵	②检修或更换
		③热电偶损坏	③检修或更换
		④仪表假象	④调整探头位置
3	炉体逸出黑烟	①正压燃烧	①提高烟闸开启度
		②炉门关严	②关严炉门
		③排烟不畅	③清除堵塞
4	鼓风机有异声	①进风口堵塞	①清除进风口杂物
		②叶片松动	②停机检修
		③吸入杂物	③清除杂物
		④叶片变形	④更换
		⑤轴承损坏	⑤更换
		⑥轴承座松动	⑥紧固
		⑦轴承缺油	⑦注油

序号	故障现象	产生原因	解决方法
5	风量、风压不足	①鼓风机故障	①检修鼓风机
		②预热风器损坏	②检修预热风器
		③球阀损坏	③修复或更换
		④风管接头漏风	④检修风管接头
		⑤风管破裂	⑤更换
		⑥风管堵塞	⑥清除堵塞物
6	电机过热	①电源、电压值不正常	①检查电源、电压，使之符合要求
		②电机受潮	②拆修烘干
		③工作机组、设备有故障	③检查修理工作机组、设备
		④轴承损坏、缺油	④加油或更换
		⑤负荷过大	⑤查明原因并解决
7	遗体焚化过慢	①遗体水分过多	①保持规定最高炉温
		②遗体干瘦	②保持规定最高炉温
		③冷藏过久	③保持规定最高炉温
8	前炉门外及排罩过热	①内炉门未关严	①调整炉门轨道，设法关严
		②因燃爆使炉前部震坏	②翻修一次并调整各部
		③前立架回烟道堵塞	③检查并排除各烟道口障碍物
9	进尸时大量烟从烟道中逸出炉体	①忘了开烟闸	①开启
		②鼓风机故障	②检修好鼓风机
		③炉温过高	③关、停燃料，少供风
		④燃料关闭	④打开燃料阀
		⑤高温缺氧	⑤少供燃料，确保供氧
		⑥引风机故障	⑥检修引风机
10	油阀漏油	①阀口漏油	①调整、拧紧
		②阀体处溢油	②如有砂孔则更换
		③阀轴漏油	③调整或更换
11	引射效果差	①烟道不畅通	①清除堵塞物，修复断裂、塌落
		②引风机故障	②检修
12	电除尘器电压升不高	①阴极振打绝缘板爬电	①擦干水、擦净积灰
		②终端接线盒积灰、潮湿	②擦干、擦净
		③变压器瓷件积灰、潮湿	③擦干、擦净
		④极板变形，间距不均匀	④停机检修
		⑤集成板短路	⑤更换
13	电机发出隆隆响声	①两相电	①接通三相电
		②负荷重或发卡	②停机检修
		③电机内断线	③停机检修

以上只是火化设备故障现象的一部分，火化设备的故障要根据操作人员在实际

工作中进行适当的处理。总的说来，只有不断地在实际中进行摸索、研究，才能灵活地处理各种故障问题。

思考与练习

1. 火化机日常保养有什么作用？一般包括哪些内容？

2. 火化机的中修是以什么为标准？具体的修理项目包括哪些？

3. 火化机的大修是以什么为标准？具体的修理项目包括哪些？

4. 火化机炉温过高的原因是什么？如何解决？

5. 火化机炉温明显下降的原因有哪些？如何解决？

6. 遗体燃烧过程中，火焰中断（突然熄火）的原因是什么？如何解决？

第七章 火化过程的节能与环保

学习目标

① 了解火化设备实施节能减排的意义。

② 了解火化机常见的节能技术。

③ 了解火化设备实施环保的意义及措施。

目前，殡葬行业已进入到一个转型期，殡葬改革着眼于促进经济社会可持续发展，坚持倡导绿色低碳、生态文明的葬式葬法。

绿色殡葬是全新的殡葬理念。它是一种科学的殡葬方式，同时也是一项系统工程。绿色殡葬是指充分运用先进科学技术、先进设施设备和先进管理理念，以促进殡葬安全、生态安全、资源安全，提高殡葬综合效益的协调统一为目标，以倡导殡葬标准化为手段，推动人类社会协调、可持续发展的殡葬模式。绿色殡葬主张"回归自然"，通过建设和改造生态人文化的殡仪馆、节能环保的火化设备，以及生态艺术化陵园、生态葬式等措施，实现传承殡葬文化，提升服务质量，节约土地和费用，控制污染和减少资源损耗等，为人们提供一个生态、文明、绿色的殡葬环境，实现人与自然的和谐统一。

研究与实践绿色殡葬，必将推动社会文明的进步，也符合殡葬行业的发展，同时也满足了人们对殡葬活动更高层次的要求，是利国利民的大好事，因此，积极开展对火化设备的节能环保研究，对加快推进绿色殡葬事业改革步伐，提升殡葬行业整体形象和服务社会能力，有着十分重要的意义。

第一节 节能与减排

一、节能与减排的重要性和必要性

节能减排指的是减少能源浪费和降低废气排放。

随着经济快速增长，各项建设取得巨大成就，但也付出了巨大的资源和环境代价，经济发展与资源环境的矛盾日趋尖锐，人们对环境污染问题的反映日益强烈。这种状况与经济结构不合理、增长方式粗放直接相关。不加快调整经济结构，转变增长方式，资源支撑不住，环境容纳不下，社会承受不起，经济发展难以为继。只有坚持节约发展、清洁发展、安全发展，才能实现经济又好又快发展。同时，温室气体排放引起全球气候变暖，备受国际社会广泛关注。进一步加强节能减排工作，也是应对全球气候变化的迫切需要，是社会应该承担的责任和义务。

"节能减排"直接与火化有着不可分的关系。遗体火化耗油量和耗电量都比较大，只要努力创新，对现有设备进行简单易行的改造，就可以减少能源的消耗。还可以根据不同的环境、地点及不同操作人员的技术条件，进行适当调节，完全可以获得明显的节能、减排效果。

二、火化机节能减排的措施

（1）燃料选用原则

以节能和经济效益为出发点，综合考虑环境效益，最佳选择是气体燃料，其次是液体燃料，最后是固体燃料。气体燃料属于清洁能源，其成分简单，燃烧过程中产生的污染物质少，操作时简单，节省电能。如果受到各种条件限制不能使用气体燃料，可选用轻柴油等液体燃料。

（2）燃料加工处理

为了促使重柴油的燃烧，减少不完全燃烧的损失，可在重柴油中添加分散剂、降凝剂、燃烧促进剂等，进而促进燃烧完全，达到节能目的。

（3）燃油掺水技术

燃油中混入游离状态的水分会造成燃烧不稳定，但当水分以极小微粒同油均匀混合，使油成"乳化"状态时，水分对燃烧不但无不良影响，而且可以改善燃烧状况，有利于消除黑烟，减少不完全燃烧，从而降低油耗。

（4）改进燃烧器的节能措施

更换性能更好的燃烧器，使燃烧空气系数更小；更换磨损较大、已影响燃烧的部件；使用节能型燃烧器，如自预热式燃烧器、平火焰燃烧器、高速燃烧器。

课件-火化间和
火化机安全知识
（变频调速技术）

课件-火化间和
火化机安全知识
（热风炉膛）

（5）鼓风机和引风机的选用

从节能的原则出发，鼓风机、引风机的选用应遵循：按需要选型，风压、风量不宜过高；选用效率较高的节能风机。

（6）改进炉体结构

炉膛的热交换效率越高，节能效果越好。节能炉型有几个特点：热交换进行充分，排烟温度低；加热速度快；密闭效果好，热损失小。这对炉膛结构的合理性设计提出了更高的要求。

（7）炉气再循环的炉膛结构

是指用大量炉气"中和"焰流温度的结构，可减少过量空气的进入量，节省用于加热过量空气的热量，从而降低能耗，达到节能的目的。

（8）强制循环

如果能最大限度地使炉气回流，那么只投入少量的燃烧热焰流温度，则可达到燃料量和排烟量都最少的目的。采用集中燃烧和动力强制炉气循环结构，完全可以达到理想的耗能目的。

（9）余热回收

烟气的余热回收在节能措施中占有非常重要的地位。回收利用方式主要有两种：一是利用烟气余热预热助燃空气或燃料自用；二是利用余热生产蒸汽或电能。回收自用又分为换热器回收和蓄热室回收两种方式。

（10）提高火化师的操作水平

这是最重要的节能因素，不同的操作人员，其技术水平、技术能力、责任心都大不相同，收到的节能效果、环保效果也会大不相同。因此，努力提高火化师的职业道德水平、工作责任心和操作技术水平，对节能、减排工作的成败至关重要。

第二节　火化与环保

环境保护问题已经被列入世界公认的急需关注和重点解决的问题之一，也是全世界面临的危机之一。如果这个问题解决不好，人类将毁灭大自然，也将毁灭人类自己。

遗体火化，包括遗体、火化燃料、随葬品及遗物祭品等在燃烧过程中，不但会产生一定量的烟尘、硫氧化物、氮氧化物、一氧化碳及二噁英类等有毒有害物质，还会产生少量氨气、硫化氢、硫醇、硫醚等恶臭气体，对火葬场及其周边环境造成危害。其中二噁英类和重金属汞的污染，因其剧毒性、迁移性和持久性而引起世界各国的高度重视。遗体火化时产生的污染，如果不引起重视，无论对当代和未来的环境都将造成严重的污染。

火化机技术

目前，占据国内火化机市场份额的产品基本上以国内制造为主，国内各火葬场（殡仪馆）在用的火化机和遗物祭品焚烧炉，很少配备有效的烟气净化设备，即被动减排措施。少数火葬场（殡仪馆）配备了烟气净化装置的设备，实际使用率和减排效果也不尽相同。

一、火化过程中产生的污染废弃物

课件-遗体焚化
过程中污染物的
产生及防治

遗体火化过程中，由于涉及遗体、火化燃料、随葬品及遗物祭品等燃烧，其将产生气体、液体和固体等污染，具体情况如下。

（1）火化过程中产生的气体污染物

遗体火化过程中，在燃烧完全时，会产生下列物质：二氧化碳（CO_2）、二氧化硫（SO_2）、二氧化氮（NO_2）。燃烧不完全时，会产生下列物质：硫氧化硫（SO_x）、氮氧化物（NO_x）、一氧化碳（CO）、二氧化碳（CO_2）、硫化氢（H_2S）、氨气（NH_3）、硫醇（RSH）、硫醚（RSR）、烃（C_nH_{2h+2}），还有苯并芘、苯并蒽、二噁英等环境激素（剧毒致癌物质）等有机物。

（2）烟气中的颗粒污染物

未燃尽的炭粒灰分，其中含有 CaO、FeO、MgO 等物质。

（3）骨灰中的重金属氧化物

铜（CuO）、铁（Fe_2O_3）、镍（NiO）、钙（CaO）、铅（PbO）等重金属氧化物。

（4）火化过程中产生的液体污染物

火化过程中流出的脂肪溶化液体，可能存在二噁英等致癌物。

二、处理火化污染废弃物的措施

1. 防止黑烟，减少污染的措施

（1）改善燃烧状况，体现"3T"理论

课件-无害化操作
基本原则

遗体火化过程中，始终控制好温度、时间和火焰湍流程度，是决定燃烧状况的关键因素。

（2）改进炉体结构、燃烧器的火燃长度、雾化和湍流效果

改进炉体结构，延长烟气在炉内的滞留时间；改进燃烧器的结构和性能，使其能够提高燃料的雾化效果，火焰长度能够达到有效燃烧的部位，增加火焰湍流程度。

（3）燃烧室内始终保持微负压

刚进入遗体时负压可大一些，$-20Pa$ 为宜；正常燃烧时，以 $-5\sim-10Pa$ 为宜；取骨灰时，以 $-15Pa$ 为宜。

（4）烟道砌体的合理结构与容积的大小

可适当延长烟气在燃烧系统中的滞留时间，使主、再燃烧室中未燃尽的物质

（主要是烟气污染物）得到进一步的燃烧与分解。

（5）足够的空气过剩系数，合理的空燃比

足够的空气过剩系数、合理的空燃比，可使火化机达到理想的燃烧状况，防止或减少污染物的产生。空气过剩系数要适中，过大或过小都会产生污染物，如空气过剩系数小于1时，烟气中产生较多的 H_2S、SO_2；而空气过剩系数大于1时，大部分是 SO_2。但对 NO_x 而言，空气过剩系数越大，NO_x 的生成量越大。轻柴油火化机的空气过剩系数以1.26为宜。

2. 气体污染物的处理方法

（1）完全燃烧法

一般采用的方法：提高炉温至800～900℃；采用过量的空气系数及合适的空燃比，尽可能地达到完全燃烧；开启二次燃烧，可除去黑烟、飞灰、氮氧化物、硫氧化物、氨气、硫化氢、硫醇、硫醚、苯乙烯等主要污染物；当炉温升至1100℃以上，二噁英类污染物接近完全分解。但是，炉温超过900℃，长期如此，将严重损毁炉膛结构。

（2）尾气后处理法

一般采用的方法：碱液吸收法，主要处理硫氧化物和氮氧化物；静电除尘法，主要处理去除黑烟、飞灰和悬浮颗粒（金属氧化物等）；旋风分离法，主要处理黑烟、飞灰和悬浮颗粒；综合处理法，综合利用热交换、碱液吸收、活性炭吸附等，可有效去除各种污染物。

3. 液体污染物的处理方法

对于遗体处理过程中的污血、体液、排出物，以及肥胖遗体流出的脂肪溶化物（可能含有剧毒致癌物——二噁英等环境激素），必须妥善处理。注意：切不可直接排入下水道或暴露于空气中，以免造成大面积的污染。

4. 固体污染物的处理方法

烟气中的颗粒污染物：未燃尽的炭粒灰分含有 CaO、FeO、MgO；骨灰中的重金属氧化物，如铜（CuO）、铁（Fe_2O_3）、镍（NiO）、钙（CaO）、铅（PbO）等重金属氧化物。这些污染物必须集中起来，在指定的安全地点填埋。切记：这些污染物切不可长期暴露在露天环境下，任其风吹雨淋，造成地上环境和地下水污染。

思考与练习

1. 火化设备实施节能减排的意义有哪些？

2. 火化机常见的节能技术有哪些？

3. 火化设备实施的环保措施有哪些？

第八章　火化间和火化机安全知识

　　安全，顾名思义就是没有危险、不出事故。安全生产则是指在劳动生产过程中不出现危及人身、设备、公共安全的事故。人的一生主要是在生产劳动中度过的，搞好安全生产，保障广大殡葬职工的生命安全，是殡葬事业顺利发展的前提，也是社会稳定、人民生活幸福的保障。

　　我国的《安全生产法》明确规定：安全生产管理，坚持"安全第一，预防为主"的方针。这就明确了安全生产的两项原则，一是安全第一，二是预防为主。这是人类通过长期的生产、生活实践，总结无数次血的教训得出的结论。坚持"安全第一"的原则，首先要对安全生产的重要性有正确的认识，明确安全生产为什么一定要摆在各项工作之首，摆正安全与生产、安全与经济、安全与效益、安全与稳定的关系。落实安全生产责任制，每个职工都应自觉遵章守纪，坚决与三违现象作斗争，出了事故依据"四不放过"的原则处理，在具体的生产活动中把安全工作摆在首位，做到不安全不生产，先安全后生产。"预防为主"就是把安全生产的重点放到预防事故发生上，预防事故，减少和杜绝人员伤亡和财产损失，是安全工作的宗旨。"凡事预则立、不预则废"，所以在从事任何工作之前，都要预先考虑可能会出现哪些问题，会发生什么样的事故，应采取什么防范措施，一旦出现险情应如何处理。只有预先对事故进行防范，才能避免事故的发生，达到安全生产的目的。

第一节　火化间及火化机的安全防护

遗体火化师主要的工作场所在火化间，火化间里的电气线路、燃油燃气管路以及火化机的储油罐，都是具有安全隐患的场所。火化机是遗体火化师的主要操作设备，多以燃油燃气为能源，是一种高温燃烧设备，虽不同于锅炉等压力设备，也时常有火化机爆炸崩炉的报道。所以做一个合格的遗体火化师，必须有良好的安全意识。

一、火化机的防爆知识

火化机是高温燃烧设备，以燃料油或燃气为能源，燃烧室正常的工作条件是工作温度在600～1000℃，主燃烧室和再燃烧室压力为-5～-30Pa，每小时产生的高温烟气量在5000m³以上，烟气在再燃烧室出口可达600℃。在运行过程中，烟气排放系统必须及时将燃烧室产生的烟气排出去，维持炉内微负压燃烧。超高温火化（炉温达到1000℃以上）、烟道闸板故障、引风机故障压力控制仪表故障、误操作等，均可使炉内工作压力变成正压，引起烟气、火焰外溢，如不及时处理，极易引起爆炸（崩炉）事故，虽不像锅炉爆炸那样破坏力巨大，一般也会造成炉膛崩塌，烧毁电器、油路，甚至造成人身伤害事故。

火化机在设计时，炉体顶部应留有泄压口。有些火化机生产厂家安全意识淡薄，存有侥幸心理，在设计制造过程中没有考虑泄压问题；有些是由于安装人员不按图纸施工，为赶工期，缩短工时，疏忽或有意取消了泄压口；也有的是火化场自行大修炉体，对这一问题不清楚，盲目改动原设计，造成泄压措施不灵。

火化机连续火化，致使炉内温度过高，达到1000℃以上，耐火材料软化，强度大大降低。在这种情况下，由于控制系统的原因或误操作等造成炉内正压，很容易引起操作炉门窜火和炉体砖结构崩塌事故。

火化机在运行过程中，如果烟道闸板出现故障而关闭，使排烟通道不畅，那么在几十秒或几分钟的时间内就会出现烟气外溢、窜火，如不及时处理就可能引起爆炸。另外，引风机停机、压力控制仪表失灵等原因，都有可能引起火化机炉内压力过高而造成爆炸，所以操作人员应随时观察各仪表的指示情况，控制好火化机的燃烧工况，绝对不能离开操作岗位。

二、火化间及火化机的安全防火常识

火化间是进行火化业务的核心部门，所使用的火化机是高温焚烧设备，配套的燃料储存设备、电气设备以及油汽管路、电气线路等，都是容易发生火灾的高危部位，遗体火化师必须具备安全防火意识，树立"预防为主，防消结合"的方针，落实防火安全责任制，切实做好安全防火工作。

火化车间要建立消防组织，设专人负责消防安全工作，认真贯彻有关消防安全法规和规章制度，把消防安全工作纳入到日常工作中去，检查消防安全，整改火灾隐患，配备消防器材，制定消防安全制度，做好消防设施的维护管理工作。

火化间的消防安全制度应包括：消防安全教育，防火检查，消防设施、器材维护管理，火灾隐患整改，用火、用电以及燃油燃气和电气设备的安全管理，易燃易爆危险物品使用管理，义务消防队的组织管理等。

火化车间应设置消防给水灭火设施，排烟和通风及空调系统应有防火措施，车间内应设消防电源及其配电设备，应有火灾应急照明灯、应急疏散指示标志，应配置灭火器等消防设备。

装卸燃料油必须在车间边缘或者相对独立的安全地带，燃料的储存设备应当设置在合理的位置，符合防火防爆要求。

对新上岗的遗体火化师，应进行上岗前的消防安全培训，掌握防火、灭火及自救逃生知识，达到三懂三会，即懂得本岗位操作过程中发生火灾的危险性，懂得本岗位消防安全操作规程，懂得本岗位火灾的预防措施，会报火警，会使用消防设施和灭火器材，会扑救初起火灾。

1. 灭火方法

常用的灭火方法有冷却法、窒息法、隔离法、抑制法。

①冷却法　是根据可燃物质发生燃烧时，必须达到一定的温度这个条件，将灭火剂直接喷洒在燃烧着的物体上，使燃烧物质的温度降低到燃点以下，停止燃烧。用水进行冷却灭火，是扑灭火灾的常用方法。

②窒息法　是根据可燃物质发生燃烧时，需要充足的空气（氧）这个条件，采用防止空气流入燃烧区，或用不燃物质冲淡空气中氧的含量，使燃烧物质由于断绝氧气的助燃而熄灭。

③隔离法　是根据发生燃烧必须具备可燃物质这个条件，将燃烧物体与附近的可燃物质隔离或散开，使燃烧停止。这是比较常用的灭火方法。

④抑制法　是使用灭火剂干扰和抑制燃烧的链式反应，使燃烧过程中产生的游离基消失，形成稳定分子或低活性的游离基，从而使燃烧反应停止。

2. 灭火器

①泡沫灭火器　用来扑救汽油、煤油、柴油和木材等引起的火灾。其使用方法是：一手握提环、一手托底部，将灭火器颠倒过来摇晃几下，泡沫就会喷射出来。注意灭火器不要对人喷，不要打开筒盖，不要和水一起喷射。

②干粉灭火器　是一种通用的灭火器材，用于扑救石油及其产品、可燃气体、电气设施的初起火灾。使用时一手握住喷嘴，对准火源，一手向上提起拉环，便会喷出浓云般的粉雾，覆盖燃烧区，将火扑灭。干粉灭火器要注意防止受潮和日晒，严防漏气。每半年检查一次。每次使用后要重新装粉、充气。

③1211灭火器　是一种新型的压力式气体灭火器。其灭火剂灭火性能高，毒性低，腐蚀性小，不易变质，灭火后不留痕迹，用来扑灭油类、电器、精密仪器、仪表、图书资料等火灾。使用时首先拔掉安全销，一手紧握压把，一手将喷嘴对准火源的根部，压杆即开启，左右扫射，快速推进。1211灭火器要放在通风干燥的地方，每半年检查一次总重量，如果重量下降1/10，就要灌装充气。

④四氯化碳灭火器　主要用于扑救设备火灾，千万不要用于金属钾、钠、镁、铝粉、电石引起的火灾。

三、火化间及火化设备容易产生火灾的部位及预防处理

火化间容易产生火灾的部位主要有火化机、燃料管路、电气线路、照明灯具等。火化机上的高危部位有两部分，一是燃烧系统，二是电控系统。电控系统电气线路和电动机的危险性最大。

1. 电动机发生火灾的原因及预防

电动机发生火灾的原因主要是选型、使用不当，或维修保养不良造成的。有些电动机质量差，内部存在隐患，在运行中极易发生故障，引起火灾。电动机的主要起火部位是绕组、引线、铁芯、电刷和轴承，多是因为过载、绝缘损坏、接触不良、单相运行、机械摩擦、接地装置不良等。

电动机发生过载，会引起绕组过热，甚至烧毁电动机，或引燃周围可燃物，造成火灾。

电动机如果导线绝缘损坏，就会造成匝间短路或相间短路；如绕组与机壳间绝缘损坏，还会造成对地短路，发生短路起火。电动机连接线圈的各个接点如有松动，接触电阻就增大，通过电流时就会发热，接点越热，氧化越迅速，接触电阻也就越大，如此反复循环，最后将该点烧毁，产生电火花、电弧，或损坏周围导线的绝缘，造成短路，引起火灾。

火化机鼓风机、引风机等三相异步电动机在一相不通电的情况下仍继续运行，危害极大，轻则烧毁电动机，重则引起火灾。电动机在旋转过程中存在着摩擦，其中最突出的是轴承摩擦。轴承磨损后会发出不正常声音，还会出现局部过热现象，使润滑脂变稀而溢出轴承室，温度就会更高。当温度达到一定值时，会引燃周围可燃物，造成火灾。有时轴承球体被碾碎，电动机转轴被卡住，烧毁电动机引起火灾。另外，当电动机绕组对机壳发生短路时，如无可靠的保护接地，机壳就会带电，万

一不慎触及机壳，就会引起触电事故。如果机壳周围堆有其他杂乱的易燃物质，电流就会由机壳通过这些物质流入大地，时间一长也会逐渐发热，有引起火灾的可能。

预防电动机火灾的主要措施是选对电动机的结构形式和容量；选择好导线截面、保险丝和开关；安装接线正确，经常进行维修保养，防止过负荷和两相运行等；周围不要堆放易燃、可燃物质。

2. 电气线路发生火灾的原因及预防

电气线路发生火灾，主要是由于线路的短路、过载或接触电阻过大等原因，产生电火花、电弧，或引起电线、电缆过热，从而造成火灾。电气线路发生短路的主要原因有线路年久失修，绝缘层陈旧老化或受损，使线芯裸露。电源过电压，使电线绝缘被击穿。安装、修理人员接错线路，或带电作业时造成人为碰线短路。电线机械强度不够，导致电线断落，接触大地，或断落在另一根电线上。防止短路的措施是导线与导线、墙壁、顶棚、金属构件之间，以及固定导线的绝缘子、瓷瓶之间，应有一定的距离。距地面 2m 以及穿过墙壁的导线，均应有保护绝缘的措施，以防损伤。绝缘导线切忌用铁丝捆扎和铁钉搭挂。安装相应的保险器或自动开关。电气线路流过的电流超过安全电流值，会使线路温度升高，一般导线的最高允许工作温度为 65℃，超过这个温度值，会使绝缘加速老化甚至损坏，引起短路火灾事故。

发生过载的主要原因是导线截面积选择不当，实际负载超过了导线的安全载流量；或者在线路中接入了过多或功率过大的电气设备，超过了配电线路的负载能力。防止过载的措施是合理选用导线截面，切忌乱拉电线和过多地接入负载，定期检查线路负载与设备增减情况，安装相应的保险或自动开关。

电气线路连接时连接不牢或其他原因，使接头接触不良，导致局部接触电阻过大，产生高温，使金属变色甚至熔化，引起绝缘材料中可燃物燃烧。发生接触电阻过大的主要原因有安装质量差，造成导线与导线、导线与电气设备的连接点连接不牢，导线的连接处沾有杂质，如氧化层、泥土、油污等；连接点由于长期震动使接头松动；铜铝混接时，由于接头处理不当，在电腐蚀作用下接触电阻会很快增大。防止接触电阻过大，应尽量减少不必要的接头，对于必不可少的接头，必须紧密结合，牢固可靠。铜芯导线采用绞接时，应尽量再进行锡焊处理，一般应采用焊接和压接。铜铝相接应采用铜铝接头，并用压接法连接。要经常进行检查测试，发现问题，及时处理。

3. 火化间照明器具发生火灾的原因及预防

火化间常用白炽灯、荧光灯和高压汞灯照明，这些灯具如果使用不当，都存在引起火灾的危险性。白炽灯电流通过灯丝时，灯丝被加热到白炽体，温度高达 2000～3000℃ 而发出光来，所以白炽灯泡表面的温度很高，能烤燃接触或邻近的可燃物质。经测量 100W 的灯泡表面温度为 170～216℃，200W 的可达 154～296℃，有些质量差、散热条件不好的灯泡,灯泡表面温度会更高,可以引燃任何可燃物。

如果遇上电压不稳,超过灯泡的额定电压,大功率灯泡的玻璃受热不均,水滴溅在灯泡上,就可以引起灯泡爆碎,高温灯丝掉下来也可以引起易燃、可燃物质燃烧。大灯泡安装在非陶瓷灯座,很容易引起熔化短路起火。

荧光灯的火灾危险主要是镇流器发热烤着可燃物。镇流器由铁芯和线圈组成,正常工作时,因其本身损耗而导致发热,如制造粗劣,散热条件不好或与灯管配套不合理,以及其他附件发生故障时,其内部温升能破坏线圈的绝缘强度,形成匝间短路,产生高温,引燃周围可燃物造成火灾。

高压汞灯表面温度虽比白炽灯略低,但因常用的高压汞灯功率都比较大,不仅温升的速度快,且发出的热量仍然较大。如400W的高压汞灯,其表面温度约为180~250℃,它的火灾危险性与功率200W的白炽灯相仿,高压汞灯镇流器的火灾危险性与荧光灯镇流器也大体相似。

常用灯具的防火措施,除应根据环境场所的火灾危险性来选择不同类型的灯具外,还应符合下列防火要求:白炽灯、高压汞灯与可燃物、可燃结构之间的距离不应小于50cm,严禁用纸、布或其他可燃物遮挡灯具。灯泡距地面高度一般不应低于2m。如必须低于此高度时,应采取必要的防护措施。可能会遇到碰撞的场所,灯泡应有金属或其他网罩防护。灯泡的正下方不宜堆放可燃物品。

某些特殊场所的照明灯具应有防溅设施,防止水滴溅射到高温的灯泡表面,使灯泡炸裂。灯泡破碎后,应及时更换或将灯泡的金属头旋出,镇流器与灯管的电压与容量必须相同,配套使用。

照明供电系统包括照明总开关、熔断器、照明线路、灯具开关、拉线盒、灯头线(指拉线盒到灯座的一段导线)、灯座等。这些零件和导线的电压等级及容量如选择不当,会因超过负荷、机械损坏等而导致火灾的发生,因此,必须符合安全防火要求,即在火化间里安装使用的照明用灯开关、灯座、接线盒、插头、按钮以及照明配电箱等,其防火性能应符合国家标准要求。

火化间所用照明灯具安装前,应对灯座、拉线盒、开关等零件进行认真检查,发现松动、损坏的要及时修复或更换。开关应装在相线上,螺口灯座的螺口必须接在零线上。开关、插座、灯座的外壳均应完整无损,带电部分不得裸露在外面。功率在150W以上的开启式和100W以上其他类型的灯具,不准使用塑胶灯座,而必须采用瓷质灯座。重量在1kg以上的灯具(吸顶灯除外),应用金属链吊装或用其他金属物支持(如采用铸铁底座和焊接钢管),以防坠落。重量超过3kg时,应固定在预埋的吊钩或螺栓上。照明与动力如合用同一电源时,照明电源不应接在动力总开关之后,而应分别有各自的分支回路,所有照明线路均应有短路保护装置。

火化间照明灯具数和负载量的一般要求是:一个分支回路内灯具数不应超过20

个（总负载在 10A 以下者，可增到 25 个）；照明电流量，民用不应大于 15A，工业用不应大于 20A。负载量应在严格计算后再确定导线规格，每一插座应以 2～3A 计入总负载量，持续电源应小于电线安全载流量。三相四线制照明电路，负载应均匀地分配在三相电源的各相，导线对地或线间绝缘电阻一般不应小于 0.5MΩ。

四、易燃物品的使用与保管

在运输、装卸、使用、储存、保管过程中，于一定条件下能引起燃烧的物品称为易燃品。火化机使用的燃料油、燃气等都属于易燃品，在日常工作中必须精心保管，规范操作。

火化间里火化机的工作油箱应设置在独立房间，车间内的供油管路应和烟道、烟囱等保持一定的安全距离，沿炉体后立架内敷设的管路应做好隔热保护。从地下油罐向火化机工作油箱储油时，管路附近严禁明火操作。燃油一般由汽车油罐车运输，油罐车在向地下储油罐卸油时，是火灾危险性很大的一个过程。卸油的方法，大多数是利用罐车与地下油罐的高位差，敞开自流卸油，也有少数用罐车的油泵卸油。不论采取何种方式卸油，都会有大量的油蒸气从油罐的进油口、量油口和放散管等处逸出。这些油蒸气容易与空气形成爆炸混合物，遇到火源就会起火或爆炸，同时，在卸油过程中还容易产生静电。因此卸油必须严格遵守操作规程。

①操作人员应掌握本岗位的操作技术和防火要求，精心操作，防止油品的渗漏、外溢、溅洒。

②油罐车的排气管应安装火星熄灭器。在卸油时发动机应熄火，雷雨天停止卸油。

③油罐车进站卸油时，其他车辆不准进出，停止加油，并要有专人监护，避免行人靠近。测量油量要在卸完油 30min 以后进行，以防测油尺和油液面、油罐间的静电放电。

④在卸油前要检查油罐的存油量，以防止卸油时冒顶跑油。卸油时严格控制流速，在油品没有淹没进油管口前，油的流速应控制在 0.7～1m/s，以防止产生静电。

⑤在卸油时，油管应伸至离罐底不大于 300mm 处，以防止进油时喷溅，产生静电。汽车油罐车必须保持有效长度的接地拖链。在装卸油前，要先接好静电接地线。使用非导电胶管输油时，要用导线将胶管两端的金属法兰进行跨接。

殡仪馆的地下储油罐大多为金属材料建造，但也有用水泥砖砌或钢筋水泥建造的油罐。按其结构形式，可分为立式、卧式、圆柱形、球形、椭圆形等形式。地下储油罐的地址宜选择地势较低的地带，以防止储罐发生火灾时由于液体流淌而形成火灾蔓延。与其他建、构筑物的防火间距应大于 15m，与变配电站的防火间距应大于 25m，以防火灾时造成蔓延。

第二节 污染治理

殡仪馆基本上由四个部分组成，分为服务区、火化区、寄存区和焚烧区，此外还有办公楼、职工食堂、锅炉房等附属设施。一般而言，在遗体焚化过程中，火化间的污染强度是最大的，主要包括废气污染、高温、病菌传播、噪声等，而火化区外部的污染主要是废气污染，来自于遗体焚化时火化机排放的烟气和随葬品焚烧时产生的烟气。遗体焚化时产生的气体污染物质，其主要成分为烟尘、二氧化硫、氮氧化物、一氧化碳、硫化氢、氨气、有机污染物及恶臭等，一般殡仪馆的随葬品焚烧区，都设有用于焚烧死者遗物及殡葬用品的焚烧塔或焚烧室，但没有鼓风或引风设施，而且焚烧的衣物大部分为化纤制品，所以燃烧极不充分，易产生大量的黑烟，最后全部为低空无组织排放，造成局部地区空气的严重污染。因此火化的污染防治包括火化间内部及火化区外部两部分。

一、火化间内部的污染防治

火化间内部的污染主要包括废气污染、高温、病菌传播、噪声等，因此其防治方法主要有以下三个方面。

1. 火化间的通风

火化间是火化设备集中安放的场所，也是进行火化业务的专用空间。火化机在运行过程中，即使进尸炉门、操作炉门、燃烧器安装口等部位密封得再好，也不可避免地要有烟气和异味外溢到火化间，污染火化间的空气。同时由于火化机长时间高温运行，使火化间的环境温度大大超出正常水平，加之一些无包装物的遗体运送和放置，造成致病菌的扩散传播，致使火化间的空气质量和工作环境都很差。为了保证遗体火化师的身体健康，火化间必须定时打开门窗以通风换气。通风的时间可根据室内温度或空气流通条件而定，夏季气候炎热、室温高、空气稀薄、对流差，应经常敞开门窗通风换气；冬季气候寒冷，室温低，通常每日通风换气 2 次，每次 1～2h，以清除污浊空气，换进新鲜空气。根据劳动保护部门的研究结果，工作场所每名操作人员所占容积小于 $20m^3$ 的车间，应保证每人每小时不少于 $30m^3$ 的新鲜空气量；如所占容积为 $20～40m^3$ 时，应保证每人每小时不少于 $20m^3$ 的新鲜空气量；所占容积超过 $40m^3$ 时，允许由门窗渗入的空气来换气。采用空气调节的车间，应保证每人每小时不少于 $30m^3$ 的新鲜空气量。达不到上述通风换气要求的火化间，应安装强制排风的风机或窗式换气扇，进行强制通风换气，这样可以降低火化间的环境温度，减少室内空气中的细菌密度，以保护遗体火化操作人员的健康。

2. 火化间的消毒

火化间每天都停放、处理大量遗体，而遗体的死亡原因非常复杂，其中有很大一部分是因各种疾病引起的。在遗体处理的过程中，一些致病菌会传播扩散，做好火化间的消毒灭菌十分重要。

按照卫生部 2016 年颁布的《各种污染对象的常用消毒方法》要求：火化间的地面、墙壁、门窗，用 0.3%～0.5% 过氧乙酸溶液或 500～1000mg/L 二溴海因溶液或有效氯为 1000～2000mg/L 的含氯消毒剂溶液喷雾。泥土墙吸液量为 150～300mL/m²，水泥墙、木板墙、石灰墙为 100mL/m²。对上述各种墙壁的喷洒消毒剂溶液不宜超过其吸液量。地面消毒先由外向内喷雾一次，喷药量为 200～300mL/m²，待室内消毒完毕后，再由内向外重复喷雾一次。以上消毒处理，作用时间应不少于 60min。

火化间的空气可采用紫外线灯照射消毒，每天用紫外线灯照射 2～3 次，每次 1h。每 15m² 面积安装一支 30W 的紫外线灯；也可使用循环风紫外线空气消毒器进行消毒（消毒环境中臭氧浓度应低于 0.2mg/m³）。

还可以使用化学消毒剂喷雾消毒火化间空气，具体做法是：用 0.5% 的过氧乙酸气溶胶喷雾消毒，用量为 20～30mL/m³，作用 30min；或用含有效氯 1500mg/L 的消毒剂气溶胶喷雾，用量为 20～30mL/m³，作用 30min。化学消毒剂消毒需在无人、相对密闭的环境中进行。严格按照消毒药物使用浓度、使用量及消毒作用时间操作，才能保证消毒效果。每天应消毒一次，消毒时，要密闭门窗进行喷雾，喷雾完毕，作用时间充分后，方能开门窗通风。

遗体及随葬品的消毒，遗体用 0.5% 过氧乙酸溶液喷洒，用布单严密包裹后尽快火化。随葬品置环氧乙烷消毒柜中，在温度为 54℃、相对湿度为 80% 条件下，用环氧乙烷气体（800mg/L）消毒 4～6h，或用高压灭菌蒸汽进行消毒。

操作人员的手与皮肤，在每次接触遗体后用 0.5% 碘伏溶液（含有效碘 5000mg/L）或 0.5% 氯己定醇溶液涂擦，作用 1～3min。也可用 75% 乙醇或 0.1% 苯扎溴铵溶液浸泡 1～3min。必要时，用 0.2% 过氧乙酸溶液浸泡，或用 0.2% 过氧乙酸棉球、纱布块擦拭。

火化间里的办公用具，要定期用 0.2%～0.5% 过氧乙酸溶液或 1000～2000mg/L 有效氯含氯消毒剂进行浸泡、喷洒或擦洗消毒。

火化间里运输工具的内外表面和空间，可用 0.5% 过氧乙酸溶液或 10000mg/L 有效氯含氯消毒剂溶液喷洒至表面湿润，作用 60min。密封空间，可用过氧乙酸溶液熏蒸消毒。对细菌繁殖体的污染，每立方米用 15% 过氧乙酸 7mL，对密闭空间还可用 2% 过氧乙酸，进行气溶胶喷雾，用量为 8mL/m³，作用 60min。

在对火化间消毒时，应注意过氧乙酸、臭氧等消毒剂对物品都有不同程度的损坏，使用时浓度不宜过高，喷量不宜过大，必要时，消毒后应及时用清水擦洗。选用消毒剂进行空气消毒时，最好选用专用气溶胶空气消毒器。常用喷雾器雾粒大，消毒剂在空气中停留时间短，较难达到应有的消毒效果。用消毒剂进行空气消毒时需关闭门窗，消毒人员应做好个人防护，如戴好口罩、眼镜、手套等。消毒剂喷洒完毕应立即离开消毒场所，消毒完成后应先打开门窗通风，待消毒剂驱除后方可进入。

用紫外线照射消毒时，不能直接照射暴露皮肤，眼睛不能直视紫外线灯，以免对皮肤、眼睛造成伤害。

3. 火化间的噪声治理

火化间的噪声主要来自鼓风机、引风机的进风噪声，电动机、燃烧器的工作噪声，送尸车、进尸炉门等机械噪声等。

噪声对人的影响和危害是很大的，长期处于噪声环境中，会损伤听力，造成噪声性耳聋；导致大脑皮质兴奋和平衡失调，脑血管功能损害，导致神经衰弱；损伤心血管系统，引发消化系统失调，影响内分泌，导致各种疾病的发生。它还会干扰人的正常生活、休息、语言交谈和日常的工作学习，分散注意力，降低工作效率。

形成噪声污染主要有三个因素：声源、传播媒介和接收体。只有这三者同时存在，才能对听者形成干扰。从这三方面入手，通过降低声源、限制噪声传播、阻断噪声的接收等手段，来达到控制噪声的目的。在具体的噪声控制技术上，可采用吸声、隔声和消声三种措施。

隔声所采用的方法是将噪声源封闭起来，使噪声控制在一个小的空间内。火化机的鼓风机和引风机噪声一般在90dB左右，采用封闭隔声会导致散热不良，电机温度过高，甚至烧毁电机。现新建殡仪馆大都采用风机节能降噪综合治理方案，将鼓风机、引风机设置在具有隔声作用的单独风机室，用通风管将它们与火化机及引射器相连接，在风机室的墙面上开设进气口，供风机室进风使用。在平面布置时将鼓风机、引风机靠近火化机一侧，进风口在上风侧，电机置于气流通道中间。火化锅炉运行时，由于鼓风机在隔声风机室内产生负压，大量的室外新鲜空气就会自动进入隔声室，首先和引风机电机进行热交换，使之冷却降温，室内温度保持50℃以下。该方法的降噪效果比较显著，并且容易实现。

二、火化区外部的污染防治

火化区外部的污染主要是源自遗体焚化时火化机排放的烟气和随葬品焚烧时产生的烟气等形成的废气污染，因此，对于火化区外部的污染防治的方法有以下两个方面。

1. 安装烟气后处理系统

由于目前大多数殡仪馆使用的火化设备都没有安装除尘、脱硫等烟气处理设施设备，导致火化机产生的废气一般都是直接排放到外界空气中，造成对周围环境的污染。因此，各殡仪馆必须在火化机上安装烟气处理系统，才能有效解决火化机废气污染的问题。同时，国家环保部门必须出台相应的火葬场污染物排放标准，从制度上来限制污染物的排放。

2. 配置带有废气处理的专门遗物焚烧炉或焚烧室

目前，一般殡仪馆都设置了专门焚烧遗物的焚烧炉或焚烧室，但因为这些设施设备结构简单、功能单一，且没有对遗物焚烧时产生的废气进行处理，也导致这些设备成为火化区外部污染的主要来源之一。因此，在遗物焚烧炉或焚烧室上安装专门的废气处理装置，是解决其污染的有效方法，如在焚烧炉烟道上安装布袋式过滤器等方法。

思考与练习

1. 火化间实施安全防护的作用有哪些？

2. 常用的灭火方法有哪些？

3. 请简述常用泡沫灭火器的使用方法。

4. 火化间及火化设备容易产生火灾的部位有哪些？如何预防处理？

5. 火化区内部的污染形式主要包括哪些？如何预防？

6. 火化区外部的污染形式主要包括哪些？如何预防？

GB

中华人民共和国国家标准

GB 13801—2015
代替 GB 13801—2009

火葬场大气污染物排放标准

Emission standard of air pollutants for crematory

2015-04-16 发布   2015-07-01 实施

环 境 保 护 部
国家质量监督检验检疫总局   发 布

目　次

前　言

　　为贯彻《中华人民共和国环境保护法》《中华人民共和国大气污染防治法》《关于加强环境保护重点工作的意见》等法律、法规，保护环境，防治污染，加强对火葬场大气污染物排放的控制和管理，制定本标准。

　　本标准规定了火葬场区域内遗体处理、遗物祭品焚烧过程中所产生的大气污染物排放限值、监测和监控要求。

　　火葬场排放的恶臭污染物、环境噪声适用相应的国家污染物排放标准，产生固体废物的鉴别、处理和处置适用国家固体废物污染控制标准。

　　本标准是火葬场大气污染物排放控制的基本要求。地方省级人民政府对本标准未作规定的项目，可以制定地方污染物排放标准；对本标准已作规定的项目，可以制定严于本标准的地方污染物排放标准。环境影响评价文件或排污许可证要求严于本标准或地方标准时，按照批复的环境影响评价文件或排污许可证执行。

　　本标准由环境保护部科技标准司组织制订。

　　本标准主要起草单位：民政部一零一研究所、环境保护部环境标准研究所、广州市殡葬服务中心。

　　本标准环境保护部 2015 年 4 月 3 日批准。

　　本标准自 2015 年 7 月 1 日起实施。自 2015 年 7 月 1 日起，《燃油式火化机大气污染物排放限值》（GB 13801—2009）同时废止。

　　本标准由环境保护部解释。

火葬场大气污染物排放标准

1　适用范围

本标准规定了火葬场区域内遗体处理、遗物祭品焚烧过程中所产生的大气污染物排放限值、监测和监控要求，以及标准的实施与监督等相关规定。

本标准适用于现有火葬场大气污染物排放管理，以及火葬场建设项目的环境影响评价、环境保护设施设计、竣工环境保护验收及其投产后的大气污染物排放管理。

本标准适用于燃油式火化机、燃气式火化机、其他新型燃料火化机及遗物祭品焚烧设备。本标准适用于法律允许的污染物排放行为。新设立污染源的选址和特殊保护区域内现有污染源的管理，按照《中华人民共和国大气污染防治法》《中华人民共和国水污染防治法》《中华人民共和国海洋环境保护法》《中华人民共和国固体废物污染环境防治法》《中华人民共和国环境影响评价法》等法律、法规、规章的相关规定执行。

2　规范性引用文件

本标准内容引用了下列文件或其中的条款。

GB/T 16157　固定污染源排气中颗粒物测定与气态污染物采样方法

GB 16297　大气污染物综合排放标准

HJ/T 27　固定污染源排气中氯化氢的测定　硫氰酸汞分光光度法

HJ/T 42　固定污染源排气中氮氧化物的测定　紫外分光光度法

HJ/T 43　固定污染源排气中氮氧化物的测定　盐酸萘乙二胺分光光度法

HJ/T 44　固定污染源排气中一氧化碳的测定　非色散红外吸收法

HJ/T 55　大气污染物无组织排放监测技术导则

HJ/T 56　固定污染源排气中二氧化硫的测定碘量法

HJ/T 57　固定污染源排气中二氧化硫的测定定电位电解法

HJ 77.2　环境空气和废气二噁英类的测定同位素稀释高分辨气相色谱-高分辨质谱法

HJ/T 373　固定污染源监测质量保证与质量控制技术规范（试行）

HJ/T 397　固定源废气监测技术规范

HJ/T 398　固定污染源排放烟气黑度的测定　林格曼黑度图法

HJ 543　固定污染源废气汞的测定　冷原子吸收分光光度法（暂行）

HJ 629　固定污染源废气二氧化硫的测定　非分散红外吸收法

《污染源自动监控管理办法》（国家环境保护总局令　第 28 号）

《环境监测管理办法》（国家环境保护总局令　第 39 号）

3　术语和定义

下列术语和定义适用于本标准。

3.1　火葬场

指从事遗体处理和遗物祭品焚烧的专用场所。本标准中"火葬场"包括从事遗体处理和遗物祭品焚烧业务的"殡仪馆""殡葬服务中心"等单位。

3.2　遗体处理

对遗体进行消毒、清洗、更衣、冷冻、冷藏、解剖、防腐、整容、整形、塑形、火化等活动的统称，通常指遗体的消毒、防腐、整容、火化的过程。

3.3　遗物祭品焚烧

将死者遗留下来的衣物、生活用品（包括其他物品）及祭奠死者所用的全部物品进行灰化的过程。

3.4　现有单位

指本标准实施之日前已建成运行或环境影响评价文件已通过审批的火葬场。

3.5　新建单位

指本标准实施之日起环境影响评价文件通过审批的新建、改建和扩建的火葬场建设项目。

3.6　无组织排放

指大气污染物不经过排气筒的无规则排放，主要包括遗物或祭品露天焚烧，或在无排气筒（包括低矮排气筒）的简易装置内焚烧等。

3.7　二噁英类

指多氯代二苯并-对-二噁英（PCDDs）和多氯代二苯并呋喃类（PCDFs）物质的统称。

3.8　二噁英类毒性当量（TEQ）

各二噁英类同类物质量浓度折算为相当于 2,3,7,8-四氯代二苯并-对-二噁英毒性的等价质量浓度，毒性当量（TEQ）质量浓度为实测质量浓度与该异构体的毒性当量因子的乘积。

3.9　排气筒高度

指自排气筒（或其主体建筑构造）所在的地平面至排气筒出口计的高度。

3.10　标准状态

指温度为 273.15K，压力在 101325Pa 时的状态。本标准规定的大气污染物排放浓度限值均以标准状态下的干气体为基准。

4　大气污染物排放控制要求

4.1　自 2015 年 7 月 1 日至 2017 年 6 月 30 日止，现有单位遗体火化执行表 1 规定的大气污染物排放限值。

表1　现有单位遗体火化大气污染物排放限值

单位：mg/m^3（二噁英类、烟气黑度除外）

序号	控制项目	排放限值	污染物排放监控位置
1	烟尘	80	烟囱
2	二氧化硫	60	
3	氮氧化物（以 NO_2 计）	300	
4	一氧化碳	300	
5	二噁英类（$ng\text{-}TEQ/m^3$）	1.0	
6	烟气黑度（林格曼黑度，级）	1	烟囱排放口

4.2　自2017年7月1日起，现有单位遗体火化执行表2规定的大气污染物排放限值。

4.3　自2015年7月1日起，新建单位遗体火化执行表2规定的大气污染物排放限值。

表2　新建单位遗体火化大气污染物排放限值

单位：mg/m^3（二噁英类、烟气黑度除外）

序号	控制项目	排放限值	污染物排放监控位置
1	烟尘	30	烟囱
2	二氧化硫	30	
3	氮氧化物（以 NO_2 计）	200	
4	一氧化碳	150	
5	氯化氢	30	
6	汞	0.1	
7	二噁英类（$ng\text{-}TEQ/m^3$）	0.5	
8	烟气黑度（林格曼黑度，级）	1	烟囱排放口

4.4　2017年6月30日之前，现有单位无组织排放应按照GB 16297的规定执行。自2017年7月1日起，现有单位应配置带有烟气处理系统的遗物祭品焚烧专用设施，取消无组织排放源，执行表3规定的大气污染排放限值。

表3　遗物祭品焚烧大气污染物排放限值

单位：mg/m^3（二噁英类、烟气黑度除外）

序号	控制项目	排放限值	污染物排放监控位置
1	烟尘	80	烟囱
2	二氧化硫	100	
3	氮氧化物（以 NO_2 计）	300	
4	一氧化碳	200	
5	氯化氢	50	
6	二噁英类（$ng\text{-}TEQ/m^3$）	1.0	
7	烟气黑度（林格曼黑度，级）	1	烟囱排放口

4.5　自2015年7月1日起，新建单位应配置带有烟气处理系统的遗物祭品焚烧专用设施，执行表3规定的大气污染物排放限值。

4.6　产生大气污染物的生产工艺和装置必须设立局部或整体气体收集系统和集中净

化处理装置。对新建单位专用设备（含火化间）的排气筒高度不应低于12m。排气筒周围半径200m距离内有建筑物时，排气筒还应高出最高建筑物3m以上。

4.7 实测的各大气污染物排放浓度，须折算成基准含氧量为11%的大气污染物基准含氧量排放浓度，并与排放限值比较判定排放是否达标。大气污染物基准含氧量排放浓度按公式（1）进行折算：

$$c = \frac{21-11}{21-O_s} \times c_s \qquad (1)$$

式中　c——大气污染物基准含氧量排放浓度，mg/m³；

　　　O_s——实测的干烟气中氧气的浓度，%；

　　　c_s——实测的大气污染物排放浓度，mg/m³。

4.8 在现有单位生产、建设项目竣工环保验收后的生产过程中，负责监管的环境保护行政主管部门，应对周围居住、教学、医疗等用途的敏感区域环境质量进行监控。建设项目的具体监控范围为环境影响评价确定的周围敏感区域；未进行过环境影响评价的现有单位，监控范围由负责监管的环境保护行政主管部门，根据现有单位排污的特点和规律及当地的自然、气象条件等因素，参照相关环境影响评价技术导则确定。地方政府应对本辖区环境质量负责，采取措施确保环境状况符合环境质量标准要求。

5 大气污染物监测要求

5.1 火葬场应按照有关法律和《环境监测管理办法》等规定，建立监测制度，制定监测方案，对污染物排放状况及其对周边环境质量的影响开展自行监测，保存原始监测记录，并公布监测结果。

5.2 新建单位和现有单位安装污染物排放自动监控设备的要求，按有关法律和《污染源自动监控管理办法》的规定执行。

5.3 火葬场应按照环境监测管理规定和技术规范的要求，设计、建设、维护永久性采样口、采样测试平台和排污口标志。

5.4 对排放废气的采样，应根据监测污染物的种类，在规定的污染物排放监控位置进行，有废气处理设施的，应在该设施后监测。排气筒中大气污染物的监测采样按GB/T 16157、HJ/T 373或HJ/T 397规定执行，二噁英类采样的采气量可根据现场实际监测对象进行控制，以整具遗体火化过程为单位进行；大气污染物无组织排放的监测按HJ/T 55规定执行。

5.5 对烟气中二噁英类的监测应当每年至少开展1次，其采样要求按HJ 77.2的有关规定执行，其浓度为连续3次测定值的算数平均值。对其他大气污染物排放情况监测的频次、采样时间等要求，按有关环境监测管理规定和技术规范的要求执行。

5.6 大气污染物浓度的测定采用表4所列的方法标准。

表4 大气污染物监测分析方法

序号	控制项目	方法标准名称	方法标准编号
1	烟尘	固定污染源排气中颗粒物测定与气态污染物采样方法重量法	GB/T 16157
2	二氧化硫	固定污染源排气中二氧化硫的测定 碘量法	HJ/T 56
		固定污染源排气中二氧化硫的测定定 电位电解法	HJ/T 57
		固定污染源废气二氧化硫的测定 非分散红外吸收法	HJ 629
3	氮氧化物 (以 NO_2 计)	固定污染源排气中氮氧化物的测定 紫外分光光度法	HJ/T 42
		固定污染源排气中氮氧化物的测定 盐酸萘乙二胺分光光度法	HJ/T 43
4	一氧化碳	固定污染源排气中一氧化碳的测定 非色散红外吸收法	HJ/T 44
5	氯化氢	固定污染源排气中氯化氢的测定 硫氰酸汞分光光度法	HJ/T 27
6	汞	固定污染源废气汞的测定 冷原子吸收分光光度法（暂行）	HJ 543
7	二噁英类	环境空气和废气二噁英类的测定 同位素稀释高分辨气相色谱-高分辨质谱法	HJ 77.2
8	烟气黑度	固定污染源排放烟气黑度的测定 林格曼烟气黑度图法	HJ/T 398

5.7 火化机运行工况应满足遗体入炉前炉膛温度（含再燃室）在850℃以上，火化烟气在再燃室中的停留时间≥2s，遗体火化结束后关闭主燃烧器。

5.8 火化烟气单个样品采样测试应从遗体入炉开始，到遗体火化结束后主燃烧器关闭结束，即对火化全过程进行采样测试。

6 实施与监督

6.1 本标准由县级以上人民政府环境保护行政主管部门负责监督实施。

6.2 在任何情况下，火葬场均应遵守本标准的污染物排放控制要求，采取必要措施保证污染防治设施正常运行。各级环保部门在对设施进行监督性检查时，可以现场即时采样或监测的结果，作为判定排污行为是否符合排放标准以及实施相关环境保护管理措施的依据。

参考文献

[1] 中国殡葬协会 . 火化设备技术 . 北京：中国社会出版社，2000.

[2] 霍然 . 工程燃烧概论 . 合肥：中国科学技术大学出版社，2001.

[3] 民政部职业技能鉴定指导中心 . 遗体火化师 . 北京：中国社会出版社，2006.